新江湾城

——片区整体开发的城投模式

张 辰 陈 锋 汪 军 寇志荣 著

U0196647

中国建筑工业出版社

序

城市是生活的容器，也是文明的载体。人民城市的高质量发展是所有人的期许。伴随着城市的飞速变革，有些事物似乎能够经受住时间的考验，始终熠熠生辉，如新江湾城所散发的独特魅力和吸引力，历久弥新。这本书为我们细致地勾画了一个新片区是如何逐步雕刻、打磨出自己的灵魂的，如何在一代又一代的积淀中，从深厚的历史和文化中发掘、指明前行的方向。

作为一名深耕于城市建设领域的从业者，我深知每一个项目、每一次建设的背后都蕴含着无数的思考、选择和努力。每一个决策都可能关系到一个城市的命运和未来，每一个细微的设计细节都需要经过精心的考量和策划。本书呈现在我们眼前的，远不止是一座军用机场的蝶变史，更是展示了一部充满执着和梦想的奋斗史。新江湾城所取得的成功与荣誉，充满着城投人对城市的热爱，凭借专业的眼光和人文的情怀，将新江湾城打造成了不仅拥有繁华与活力的土地，更是成千上万人们心中的温馨家园、引以为荣的归宿。这部作品不仅是一段记忆，更是对未来的探索和寻求，是对城市建设者的一次深深致敬。

望广大读者朋友们，在翻阅本书的过程中，不仅能感受到新江湾城的独特魅力，更能思考如何使我们的城市更加美好。希望本书不仅能为我们提供宝贵的经验，更能激励我们共同书写更加辉煌的未来。

衷心希望新江湾城这片乐土为更多人创造幸福，成为上海的骄傲。

陈北波

前　　言

近年来，我国城镇化进入以提升质量为主的转型发展新阶段，城市发展面临的挑战与机遇并存，亟须转变城市发展方式。党的二十大报告提出，"坚持人民城市人民建、人民城市为人民，提高城市规划、建设、治理水平，加快转变超大特大城市发展方式，实施城市更新行动，加强城市基础设施建设，打造宜居、韧性、智慧城市"，为新时期推进以人为核心的新型城镇化指明了基本方向。

随着国内城市化进程加速，城市开发趋向饱和、土地资源日益稀缺。在以精细化为特点的新的城市发展阶段下，一方面，城市更新成为我国未来城市发展的新增长极，2021年颁布的《上海市城市更新条例》中明确提出，城市更新的指导思想、总体目标、重点任务、实施策略等需体现区域和零星更新的特点和需求，这对新时期的城市开发提出了更高层次的需求；另一方面，以上海五个新城为代表的新城新区也进入全面展开阶段，也亟须成熟的片区整体开发模式作为支撑和示范。在新的发展阶段，城市片区整体开发已从传统房地产模式转向统筹更新、精细化治理的模式，亟须从成熟的片区开发经验中学习先进的开发模式和综合的技术管理体系。在这一过程中，历时25年开发建成的新江湾城无疑是上海在片区整体开发领域的完整样本。上海城投（集团）有限公司（以下简称"上海城投"）在新江湾城开发建设中的实践与探索，凝聚了上海这座国际大都市的智慧，也体现了我国超大特大城市在转变发展方式上的努力。

本书对新江湾城25年来的开发历程做了整体的梳理，从规划实施模式（规划编制和实施、开发定位和功能培育、路网建设与交通设施、公共服务设施配置、城市空间与设计落地、生态绿化与环境打造）、投资收益模式（投资模式、收益模式、经济效益）、土地开发与运营模式（土地开发模式、管理运营模式）、招商与品宣模式（招商模式、品牌建设模式）等领域入手，对新江湾城25年来的建设成果进行全方位的回顾，同时也对上海城投在新江湾城开发过程中的一系列成功经验和做法进行提炼和总结，希望能够形成具有上海城投特色的片区整体开发模式，以此为我国各地的成片整体开发提供成熟的经验和借鉴。

新江湾城，原为江湾空军机场，位于上海中心城区东北部，行政区属杨浦区，四至范围东起闸殷路，西达逸仙路，南至政立路，北抵军工路，为上海中心城区最大规模的可供集中开发利用的土地。新江湾城总用地面积9.45km^2，隶属于新江湾城街道行政区划8.69km^2，由上海城投负责实施统一规划，并对其中5km^{2}进行综合开发，其余2.69km^{2}由部队开发，1km^{2}为复旦大学新江湾校区。

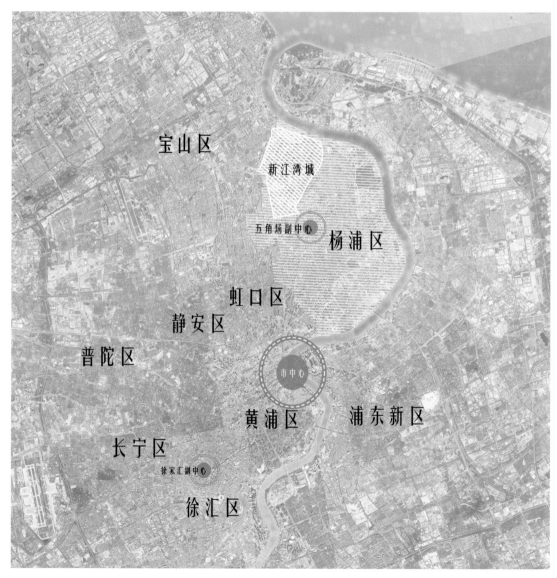

图 0-1 新江湾城区位图

目　录

新江湾城的前世今生

1

新江湾城的
前世今生

1.1 新江湾城的历史沿革

历史上新江湾城区域包括最早的殷行镇地界，最初的江湾古镇即发源于这一集镇（图1-1）。殷行镇，又名殷家行，得名于明朝人殷清。殷清为松江府上海县人，明正德年间曾任上林苑录事，上林苑录事从九品，后弃官从商。殷清在宝山县虬江（今杨浦区域内的一条河流）一带地域开店，而后此地渐形成集镇，名为殷行。最初，该集镇东西一条大街，长不及一里，大小店铺四十余家。而后市面渐盛，最盛时东西镇街有三里之长，附近形成20多个自然村。镇上建有葛尚书庙、白衣庵、玉泉庵、信民庵、江申土地庙、文昌阁等，可见当时人烟稠密。境内有东西流向的六条河流，还有南北向的随塘河一条。清光绪十年（1884年），殷行还开办了宝山（当时属于江苏）境内最早，也是上海最早的牧场——陈森记。至民国年间，由于与繁华的虹口、航运枢纽的吴淞、工业发达的杨浦邻近，殷行渐次兴建道路、电厂，兴办实业，于1928年从宝山县划归上海特别市，称殷行区，当时面积为30.27km^2。

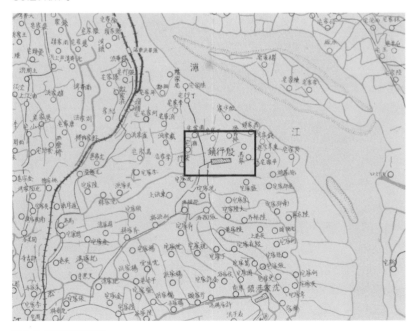

图1-1 殷行镇历史地图

从国民政府1927年4月18日定都南京，到1937年11月20日迁都重庆的十年大建设时期，上海特别市政府欲在其无权管辖的租界之外，建设一个"文明程度足以匹敌的新上海"，因此于1929年7月，在上海特别市政府第123次会议通过了《大上海计划》（图1-2）。在《大上海计划》中，将北邻新商港、南接租界、东近黄浦江、地势平坦的江湾一带（约7000亩土地，≈4.67km²）划为新市中心区域。殷行距离《大上海计划》拟建的新市中心——五角场不远，发展前景向好。

当时的江湾古镇地理和建筑多有特色，河网交错、阡陌纵横，多桥多树多水乡景色，更多园林别墅。拥有历代古刹十多座，其中创建于五代十国时的保宁寺、建于北宋时的崇福寺等均有近千年历史；教育事业源远流长，官学、私塾、义塾、书院在明清时期已有发展。民国后，江湾因紧靠市区但地价较市区便宜，迁入或创建了不少学校，办学、任教者多有名人学者。20世纪20年代，江湾镇上有很多外来富商建造的私家花园，如北弄（今新市北路）的甘家花园、车站路（今车站南路）的潘园、吴家湾的张家花园，及江湾著名中医蔡章（蔡香荪）所建的蔡家花园等。

然而，日军的侵略改变了江湾的命运。因江湾近江近海，是通向市区的战略要地，又与被日本势力控制的虹口毗邻，成为两次淞沪战争日军施暴的重灾区。

"八·一三"淞沪会战，日军侵占五角场地区后，为作战需要，强行将有400多年历史的殷行古镇及周围7000亩土地，圈作建造军用江湾机场用地。机场于1939年规划，至1941年上半年完成。建成后的机场有4个指挥台，跑道长1500m，用三合土与沥青混合浇筑而成。多条跑道组成"米"字形，飞机可以从各个方向起降，是当时日军在远东最大的军用机场（图1-3）。

抗战胜利后，江湾机场由国民党军队接管，成为美国航空技术服务指挥部上海航站驻地，该机构于1945年10月成立，监督管理在中国缴获的日本飞机。1947年12月31日美军撤离江湾机场。

中华人民共和国成立后，江湾机场由中国人民解放军接管，经改建成为亚洲占地面积较大的机场之一，并归空军航空兵部队管理使用（图1-4）。

改革开放以后，为配合上海城市建设和发展，国务院、中央军委在1986年准允机场搬迁，置换出新江湾建设土地。至此，新江湾城的开发被提上了议事日程。

自1997年起，新江湾城先期经历了以"大居规划"为指导的局部开发，后为了符合上海全球城市发展的更高目标，重新进行了规划调整，以时任上海市副市长韩正同志提出的建设世界一流"21世纪知识型、生态型花园城区"为目标，努力承载上海经济发展空间布局调整和城市形态优化的功能，承载社会、经济、文化、生态资源均衡配置的空间需求，承载人民对"城市让生活更美好"的时代期许，

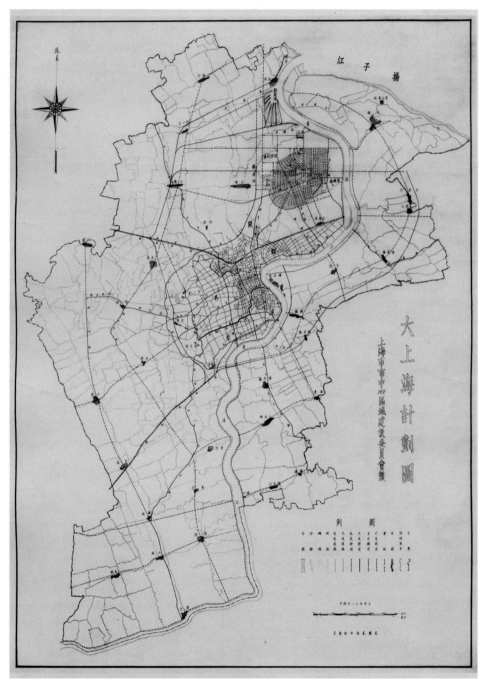

图1-2 大上海计划图

图1-3 旧江湾机场图

图1-4 江湾机场（部队旧照）

形成面向国际的、以生态为特色的一流品质居住区，以科创为引擎的产业功能区，以多元为形态的综合性城区。25年来，在上海市委、市政府对土地开发理念的前瞻思考和正确领导下，在杨浦区和市区各相关部门的大力支持下，上海城投开拓创新、倾力打造，通过新江湾城的规划与实践，总结出一套以"统一规划、社会协同、生态开发"为总体特征的城市社会、经济、文化、生态和谐发展方案，率先为城市规划建设实现空间布局合理、城市规模严控、生态环境保护、人居环境优良、特色风貌保留、城区运行安全、管理体制健全的目标提供了一个可借鉴的模式，成为践行上海城市发展规律和理想的示范案例。如今，新江湾城已从曾经的江湾机场华丽转身成为"宜居、宜业、宜创"的中心城区最优质生活区，是联合国开发计划署（UNDP）、环境规划署（UNEP）认定的"联合国环境友好型城市示范项目——国际生态社区"，并被社会誉为"国际化、智能化、生态化"第三代国际社区（图1-5）。

图1-5 新江湾城现状

1.2　开发建设情况

　　改革开放后，面对城市经济发展的不同时期及要求，江湾机场也经历着相应的机遇和挑战。20世纪80年代以来，世界主要城市都在经历转型，以应对经济全球化对城市提出的新的规划和建设要求。新江湾城的规划建设，就处在上海建设全球城市进程的重要语境中，渐次展示了对上海城市不同阶段发展需求的呼应和引领。顺应上海城市发展的格局，梳理新江湾城的开发历程，可以将其主要经历划分为"发展前期""发展核心"和"发展升级"三个阶段。其开发建设秉持"一张蓝图干到底"的整体方针，始终看齐目标蓝图，并不断迭代和优化整体定位。

1.3　发展前期阶段（1986～2000年）

　　1986年5月，为配合上海东北区域的城市建设和发展，国务院、中央军委联合批复国函[1986]66号文，准允机场搬迁，置换出新江湾建设土地（图1-6、图1-7）。

图1-6 江湾机场旧照1

1986—1995年，上海市政府与空军进行了长达10年的土地回收补偿谈判。1994年，上海市规划设计研究院根据当时的上海市总体规划，编制报批了《江湾机场地区结构规划》，规划范围为8.6km²。

1996年，关于机场土地回收的补偿谈判终于取得实质性结果，上海市政府与空军签署《江湾机场原址部分土地使用权收回补偿协议》（图1-8）。同年，成立"江湾城开发领导小组"和"上海新江湾城开发

有限公司"，实行两块牌子、一套班子，并明确开发公司直属市建委。随后，陆续进行部分道路和基础设施的建设，并开发了新江湾时代花园，成为新江湾城第一个居住小区。

20世纪末，面对与日俱增的庞大人口量，上海住房问题凸显，无论在住房供应量还是在居住品质上，都面临着较为紧迫的需求。在1997年召开的第七次党代会上，上海市提出了"九五"期间加快住房建设和旧区改造的步伐、实现竣工住宅4500万m²总量的目标，提出在内、外环线之间，东西南北方向上各建成一个"示范居住区"的目标，即东为宝山区的"江湾"、西为闵行区的"春申"、南为浦东新区的"三林"、北为普陀区的"万里"。这4个大型住宅区定位于面向21世纪的大型居住小区，在规划布局、单元设计、公建配套、环境绿化、物业管理和社区管理等方面，将站在更高的起点上。建设用地总量达2.4万亩，建筑面积规划逾1000万m²，规划入住人口46万。其中，"江湾机场居住区"规划住宅建筑面积300万m²，居住人口16万，是4个居住区中建设规模最大的一个。

图1-7 江湾机场旧照2

图 1-8 江湾机场原址部分土地使用权补偿协议签字仪式

这一阶段，上海整体城市发展以空间功能结构优化、建设用地增量为主要特征。而新江湾城作为上海北部城市功能结构优化的重要释放空间，亦进入了土地准备及开发启动期，明确了开发主体、开发范围，完成了用地性质的转变和部分基建，形成大型居住社区规划。

1998年，新江湾城开发公司划归上海城投，相关新江湾城的开发建设项目以及后续的规划自此均由上海城投负责，新江湾城进入城投时代。

新江湾城的创新探索与实践从此起步，总结为如下四个方面：

一是土地转让价格方式的确立。在土地成本测算方法上，改变以往大基地开发通常以亩为单位进行转让的方法，而应用以楼面价转让价格单位的较为公平和精确的测算方法，即将服务于全区的市政公建配套所需占用的土地、费用在楼面价中进行合理均摊，避免了由于地块用地性质的不同给地价带来的过大的不均衡性，为新江湾城的土地转让确立了依据。

二是土地转让多种方式的探索。先后与国内外30余家房地产开发企业就熟地转让、半熟地转让、毛地转让等多种土地变现形式进行了接触和洽谈。截至2000年，与5家大中型房地产开发企业签订了土地转让协议或意向，转让土地500亩，在土地转让上取得了实质性的突破。

三是土地置换市政工程的尝试。市政工程建设需要筹集和投入大量的资金，考虑到新江湾城自身土地存量丰富的优势，尝试以土地置换工程的方式开展市政建设。应用这一方式完成的项目有雨污水泵站以及明山路、千山路、淞沪路等13条市政道路工程，为加速开发、快出形象奠定了坚实基础。

四是"管用并举"利用土地资源的实践。在确保9000亩土地内无私搭乱建等违法违规占用土地的前提下，将短期暂不开发的市政备用地、仓储用地等，对外进行租赁，将对外租赁所得用于绿化建设，为新江湾城生态建设打好了基础，并提升了土地的经济效益和社会效益。

新江湾城以"土地转让为突破口，加快招商引资步伐，推进市政工程建设，加快住宅开发进程"的工作思路，开启了上海在成片区域开发方面的全方位创新实践。

1.4 发展核心阶段（2001～2016年）

在21世纪知识经济和全球化带动下，新江湾城的开发建设在此阶段进入高潮。同时，随着上海主城区城市增长带来的环境破坏、基础设施容量不足等一系列问题的显现，生态建设、绿色发展的重要性被逐步认识，新江湾城作为当时上海市区的最后一块纯天然生态区，协调城市发展和生态保护的关系，是该阶段新江湾开发的重要命题（图1-9）。

图1-9 新江湾城历史航拍图

2001年，时任上海市副市长韩正同志至上海城投调研时发表重要讲话，要求上海城投在新江湾城的开发中遵循"尊重自然，保护生态""生态优先"和"追求人与自然和谐"的原则，提出要将新江湾城建设成为"21世纪知识型、生态型花园城区"（图1-10）。2003年，上海城投成立新江湾城工程建设指挥部，新江湾城的开发进入到全面加速阶段。

第一，在发展核心阶段，上海城投通过制订系统协同方案，提高了统筹开发效率。协作机制上，强调"统一规划，社会协同"；协同体制上，明确"政府主导，城投负责，市场运作"；空间规划上，追求"功能合理布局，资源均衡配置"；开发时序上，遵循"先地下后地上，先配套后居住，先环境后建筑"；实施策略上，依据"规划为先，策划为要，计划为纲，文化为魂"。由此，实现了城区及其周边地区的空间结构和功能的统一布局，加速区域经济一体化发展；建立了科学完善、动态调整的区域性

图1-10 韩正同志调研考察新江湾城

统一规划和制度保障；发挥了政府主导下提高资源利用效率、避免无序竞争的优势，同时有效发挥社会各方寻求协作的积极性；极大地提升了新江湾城的土地价值和城区整体功能形象。

第二，明确资源优势，锚定"区域、城市、国际"三层级定位。在"区域"层面，强调把握新江湾城与杨浦区从传统工业向知识经济转型的关系和机遇，先行先试打造杨浦区产业结构转型的延伸发展空间；在"城市"层面，强调把握新江湾城与上海四个中心建设背景下城市功能布局的关系和机遇，使之成为黄浦江北部发展战略的重要节点，承担了通过空间、功能和形态的打造优化上海的城市结构的重要责任；在"国际"层面，强调把握经济全球化和生态文明建设的机遇，打好生态牌，为上海城市生态发展提供示范案例。

上海城投通过落实"三阶段"的开发方案，有序地进行空间开发。[来源：呈现区域规划建设新范例 承载上海城市发展新梦想 ——新江湾城"21世纪知识型、生态型花园城区"总体开发二十年（1997—2017）情况报告]

第一阶段（2001~2005年）：本阶段前期的空间建设重点在于进行规划调整，由大居为主的定位转向综合式新城，同时，完成大部分市政基础设施及公建配套的建设。2002年开展国际方案征集并形成了《新江湾城结构规划》，规划实现了居住空间、公共空间、生态环境三者的和谐统一，构建了生态、景观、水系、交通、基础设施和公建配套六

图1-11 2006 年卫星遥感图

大系统。2003年8月，完成了大部分市政项目的招标工作并进入全面实施阶段。2005年末市政、景观等基础建设基本完成，土地交易市场正式开启（图1-11）。

第二阶段（2005~2010年）：本阶段开发管理重点在于引进二级开发商进行地块开发，连通公共资源建设，同时着力打造产业空间功能，加速导入集聚效应，实行"以业兴城"。一方面，强调引进并扶持符合全球城市发展需要的高新技术研发、科创、金融等高价值区段产业，以及可以形成全球资本投资的总部经济等产业；另一方面，在空间上实施"没有围墙的办公园区方案"，并采取引入社会资本参与的共创开发模式，诸如大学校区等，发挥区域开放融合能力，最大化知识和经济溢出效应。重

点形成了湾谷科技园和尚浦领世商务办公区两大产业引擎区。注重提升经济结构转型下的公共资源服务能级。

第三阶段（2010~2016年）：注重将社会空间聚拢成一个体现"以人为本"理念的有机整体。一方面，形成"三区"（社区、校区、园区）联动机制，实现共治共管，共助社区运营；另一方面，打造社区文化品牌，从国际资源引入、品牌推广策略、资源共享形成和睦邻里关系三个层面推进文化品牌的建立，展现活力城区。

新江湾城自此步入了城市生态、创新转型的阶段，将"大居"开发建设目标逐步转变至建成宜居、宜业、宜创的"国际化、智能化、生态化"社区。

1.5 发展升级阶段（2017年至今）

在城市发展层面，上海新一轮城市总体规划（2017~2035年）提出：至2020年建成具有全球影响力的科技创新中心基本框架，基本建成国际经济、金融、贸易、航运中心和社会主义现代化国际大都市；至2035年基本建成卓越的全球城市，令人向往的创新之城、人文之城、生态之城，具有世界影响力的社会主义现代化国际大都市的目标。

依据此上位规划目标，这一阶段，新江湾城践行紧约束下的睿智发展，注重发展升级，继续深入内涵式发展。进一步完善新江湾城内国际化城市功

能要素的配置和建设，以及基础设施的品质提升。同时，推进高价值区段产业功能布局，重点培育湾谷科技园、南部知识商务区。从"量化"升级为"质化"，打造"创新、人文、生态"之城。主要聚焦完成以下几方面的建设：

完善卓越全球城市功能要素配置。不断优化形成符合卓越全球城市要求的功能配套布局，加快实施国际学校、国际医院等要素的引进工作，使新江湾以及周边区域进一步吸引国际人才和企业的进入以及长期发展。进一步推进基础设施的完善，尽快

推进打通与周边区域连接的道路，使新江湾城进一步发挥对周边区域的资源辐射和对接作用。响应上海城市功能的需求，打造多个租赁住宅项目，培育了"城投宽庭"品牌。进一步对未开发地区进行规划和建设，主要为北部与宝山区相连的区域，占地约1277亩（≈0.85km²）。该区域是黄浦江两岸开发北部重要景观和功能区，未来将配合上海城市总体开发要求，发挥土地的弹性适应功能，进一步优化调整空间功能和形象，形成浦江北岸新的特色滨江带。

推进高价值区段产业功能布局。通过布局重点项目，推进高价值区段的产业空间打造，借助湾谷科技园和南部商务知识区（尚浦领世）两大板块的建设，大力支持高新技术、创新创业产业的发展，奠定新江湾城作为高价值产业核心区域的基础。同时，不断引进国际知名企业的入驻，提高全球经济投资比例，加快吸取国际先进经验，为本土企业培育实现全球化塑造良好的氛围。

打造"创新、人文、生态之城"。在创新层面，以上海"加快建设具有全球影响力的科技创新中心"，杨浦区打造大众创业万众创新示范基地为契机，通过知识型校区、科创园区和生态型社区的共同打造，提升城区发展的活力。强化功能建设，服务高新科技和创新创业产业的空间打造和产业集聚（图1-12）；完善城区产业配套服务，包括智能化建设、金融创新、政策扶持、人才服务设施配置等，充分发挥知识溢出效应，打造国家技术转移东部中心（图1-13）。在人文层面，致力于促进幸福社区更具魅力。强化社区概念，深入打造社区功能，营造开放、交流、多元的社区文化环境。充分认识公共空间对社区安全和亲情的围拢作用，通过社区公共空间的深入打造，促进社区思想、文化交流，激发城区内部活力，形成可承续的文脉和特色。在生态领域层面，则是增强生态韧性、持续维护环境。继续维护新江湾城原有的生态基底，最大限度集约利用资源，创建健康、清洁、高效能、碳足迹最低化的"宜居宜业宜创"城区环境，并为城区的可持续发展预留资源和空间。

图1-12 尚浦领世知识商务广场

图 1-13 湾谷科技园三期效果图

规划实施模式

2

规划实施模式

2.1 规划编制与实施落地

　　成功的新城开发离不开高水平的规划编制和实施管理，新江湾城在整体开发过程中，不断响应上海城市的功能需求，以政策为引导，创新规划编制方式，以国际一流的视角来谋划新城的蓝图；同时，通过创设规划预审、多方联席会议等机制，有效地保障了规划核心内容的实施落地，维护了新江湾城的开发品质；此外，新江湾城也在上海市较早开展控规实施评估工作，实现了规划实施的闭环管理。

2.1.1 重要政策文件引导

　　在新江湾城早期的开发阶段中，在不同的时间节点上分别有一些特定的政策文件引导其开发深入进行。从早期获得土地开发权到建立完整的开发建设机构，明确主导功能和定位，对国家和所在城市的发展战略的充分依托，是新江湾城成功开发的关键。

　　1986年5月，国务院、中央军委国函 [1986] 66号文《关于迁建空军上海江湾机场的批复》同意置换出土地作为上海城市建设发展用地，标志着新江湾城开发进入倒计时。但此后因为新机场的选址迟迟无法确定，直到1994年江湾机场才正式关闭。1995年，国务院发布《关于国民经济和社会发展"九五"计划和2010年远景目标建议》，上海市政府抓住时机，推进新江湾城片区开发，于1996年和部队签署《江湾机场原址部分土地使用权收回补偿协议》，明确了新江湾城土地性质由军用转为民用。《关于成立上海江湾城开发有限公司的函》（1996年）和《关于建立上海市新江湾开发领导小组的通知》（1997年），这两个文件确立了新江湾城早期开发的架构，形成"两块牌子，一套班子"的机制（图2-1）。1997年，上海市第七次党代会上，提出了要解决"两个1000万"的目标，随即市委提出"在上海建立东、南、西、北四个示范居住区"的战略，决定了新江湾城早期的开发模式就是大型居住社区，并建成了以"时代花园"为代表的首批居住小区。1998年，市建委发布《关于上海新江湾城开发有限公司划归上海市城市建设投资开发公司管理的通知》，明确自1998年7月1日起，上海新江湾城开发有限公司由上海市建设委员会划归上海市城市建设投资开发总公司管理，确定了上海城投全面操盘新江湾城的战略布局。

2001年，上海城市总体规划（1999—2020）获得国务院正式批复，规划明确提出要把上海建设成为经济繁荣、社会文明、环境优美的现代化国际大都市和国际经济、金融、贸易、航运中心之一。城市总体规划为新江湾城整体转型升级起到了引导作用。

2001年8月8日，时任上海市副市长的韩正同志到新江湾城调研，提出了新江湾城的转型，这也是契合城市总体发展战略所做出的及时调整（图2-2）。

2003年的1月，上海城投下发了《关于成立上海城投新江湾城建设指挥部的通知》[沪建投（2003）002号文]，调整了新江湾城开发建设的组织架构，新江湾城的开发进入加速期。2003年，由社会各界学者联合发布的《保护江湾自然生态区倡议书》，引起了开发主体对新江湾城生态保护的重视，并由此

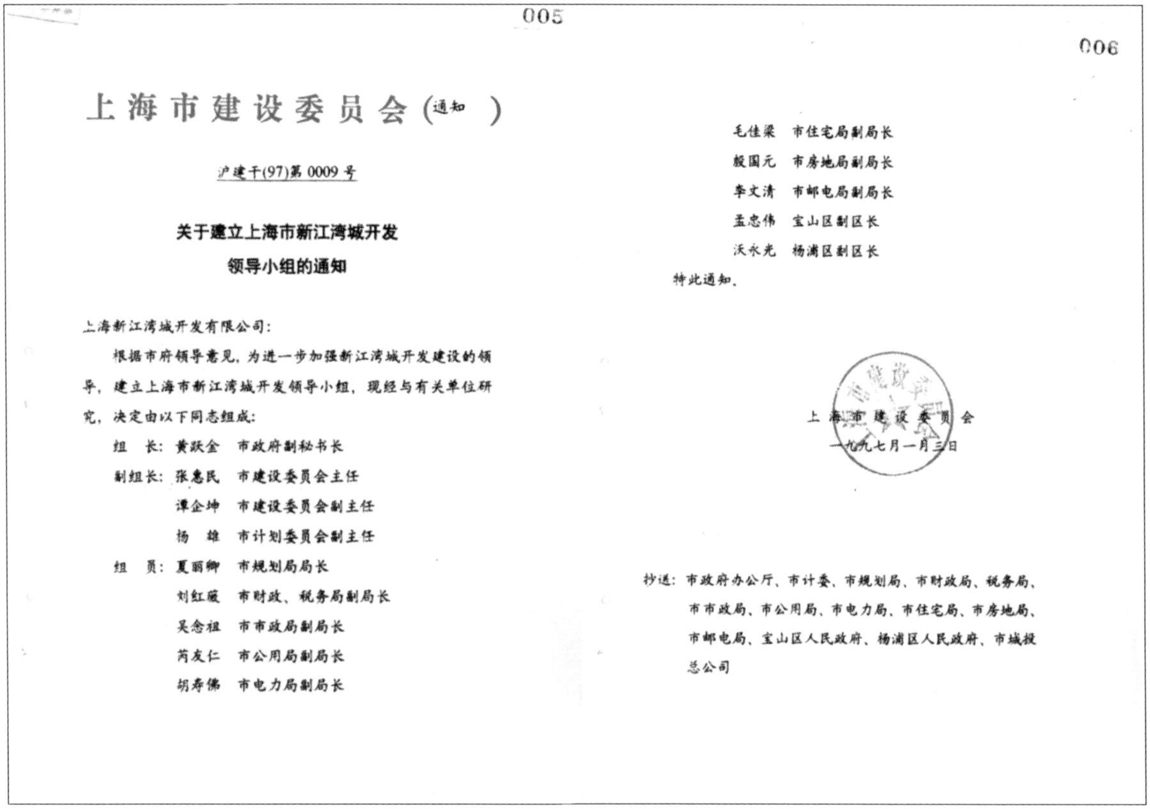

005

上海市建设委员会（通知）

沪建干(97)第0009号

关于建立上海市新江湾城开发领导小组的通知

上海新江湾城开发有限公司：

根据市府领导意见，为进一步加强新江湾城开发建设的领导，建立上海市新江湾城开发领导小组，现经与有关单位研究，决定由以下同志组成：

组　长：黄跃金　市政府副秘书长
副组长：张惠民　市建设委员会主任
　　　　谭企坤　市建设委员会副主任
　　　　杨　雄　市计划委员会副主任
组　员：夏丽卿　市规划局局长
　　　　刘红薇　市财政、税务局副局长
　　　　吴念祖　市市政局副局长
　　　　芮友仁　市公用局副局长
　　　　胡寿佛　市电力局副局长

006

　　　　毛佳梁　市住宅局副局长
　　　　殷国元　市房地局副局长
　　　　李文清　市邮电局副局长
　　　　孟忠伟　宝山区副区长
　　　　沃永光　杨浦区副区长

特此通知。

上海市建设委员会
一九九七年一月三日

抄送：市政府办公厅、市计委、市规划局、市财政局、税务局、市市政局、市公用局、市电力局、市住宅局、市房地局、市邮电局、宝山区人民政府、杨浦区人民政府、市城投总公司

图2-1《关于建立上海市新江湾城开发领导小组的通知》

图2-2 韩正同志调研考察新江湾城

实施了"新江湾城地区动植物本底调查",本底调查为新江湾城后续的以生态为特色的开发模式打下了扎实的基础。

2.1.2 国际水准规划编制

通过对新江湾城历次规划的梳理,发现规划编制大致可以划分为三个重要节点:1994年、2002年以及2007年。其中1994年编制了首个结构规划,开启开发历程;2002年则是对整体区域进行了全面的规划更新;2007年配合五角场副中心建设对规划进行了调整。

新江湾城发展前期阶段,为响应上海市提出"'九五'期间加快住房建设和旧区改造的步伐,在内、外环线之间建成四个'示范居住区'"的目标,以"大居"建设为背景,首先编制了《江湾机场地区结构规划》(由上海市城市规划设计研究院编制完成),规划将江湾机场地区的性质定位为以住宅建设为主体,集商贸、金融、仓储于一体的综合区,总人口容量在10.3万人左右。同时提出,兼顾绿带系统和公共绿地的开发建设,注重提升居住区环境质量。规划将新江湾城约9000亩($\approx6km^2$)的土地性质划分为:副中心用地735亩($\approx0.49km^2$)。住宅用地6490亩($\approx4.33km^2$),其中动迁房用地约1298亩($\approx0.87km^2$),占20%;安居房用地约1947亩($\approx1.3km^2$),占30%;商品房用地约3245亩($\approx2.16km^2$),占50%。市政方面,水厂、电厂等用地1100亩,交通路段用地675亩。规划预测机场内总建筑面积约480万m^2,其中居住建筑面积约为310万m^2,仓储加工区建筑面积约40万m^2,副中心建筑面积约130万m^2。此版规划指导了新江湾城以"时代花园"为代表的第一批居住社区建成,开启了新江湾城的建设大幕(图2-3)。

2001年8月8日,时任副市长的韩正同志在上海城投进行调研时,提出新江湾城建设目标的转型。此后,上海城投迅速响应,主要领导与市规划局有关人员就新江湾城地区结构规划事宜进行讨论,确定了方案征集的组织机构、涉外单位的筛选、时间选择,并作了具体计划安排。仅一个多月后,9月25日、26日,上海城投与美国强森(Johnson Phain)、澳大利亚伍兹贝格(Woods Bagot)、德国SBA(SBA GmbH)和意大利格雷戈蒂(Gregotti)四家国际知名的规划设计事务所签订协议,邀请其参与结构规划及重点地区城市设计的国际竞标。

其中,美国强森方案提出将传统与21世纪现代

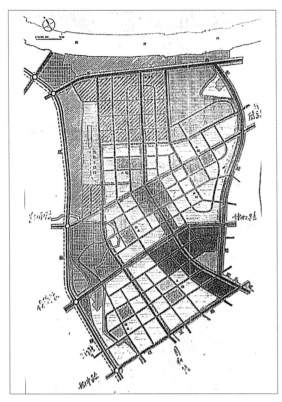

图2-3 2005年用地结构图

规划原则协同融合的思路，规划主要由三大区域组成：南部是一个高密度、功能复合的副中心；围绕这一副级中心，建设拥有开放空间、湖泊景观的低密度住宅区；而北部的滨水开发区则主要为有运河网络穿流的中高层住宅。这三个区域通过一个生态平衡的开放空间系统整合在一起，为生活、工作和娱乐提供了多种机会。规划的开放空间系统连同交通路网一起，无缝地将城市现有结构延伸连通至新城，强调城市可持续设计和"公交优先"的规划发展原则（图2-4）。

澳大利亚伍兹贝格的方案规划定位于将新江湾城区建设成为21世纪上海以人为本的花园城区和生态居住区，在设计中融合了当代城市规划设计的先进理念，突出生态环保可持续发展的设计要点。规划考虑因素围绕社区特征性组团、社区资源生态可持续发展、社区交通、社区开阔空间绿化组团系统、社区交流五大主题，以全面多主题融合的原则展开综合规划（图2-5）。

德国SBA方案规划目标定位于将新江湾城打造成为"上海城市滨江带第三颗明珠"，以滨江带为主轴，五角场为副中心，规划具有空间序列感的"整体化"发展城市。重点打造"黄浦明珠"，媲美地中海港口城市，以开敞的广场、轻盈的建筑，为都市生活、游览、休闲提供更多可能性。同时配备剧场、影院、酒店、音乐厅等各种满足娱乐休闲的设施。同时在生态环境方面，规划以生态技术为基础，带动城市环境发展，赋予独特识别性，打造生态化城市。策划实施"花园城市"建设，以花园的构成要素，即水、绿化、地形起伏和各种类型的住宅形式一起构成区域的多样化的层面（图2-6）。

意大利格雷戈蒂方案贯彻"大型住宅组团"的思路，将居住用地划分为"低居住密度住宅组团"和"中等居住密度住宅组团"两类组团进行规划，配备相适的教育、公共服务、市政设施、绿化开敞空间及公众活动空间等居住配套，并对新江湾城的生态资源优势作出了分析，在居住环境层面上进行了一定的宜居生态规划（图2-7）。

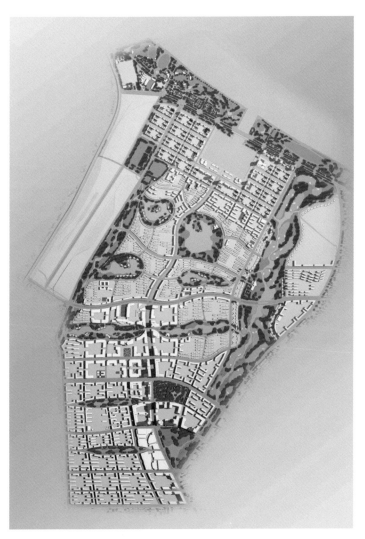

图2-4 美国强森方案总平面图

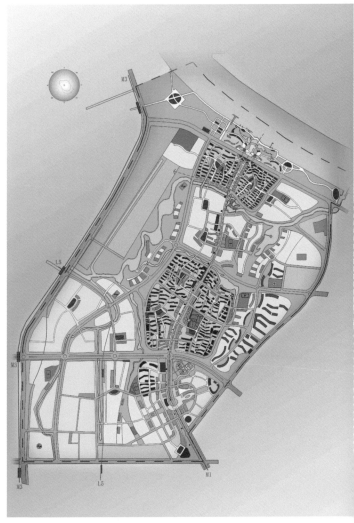

图2-5 澳大利亚伍兹贝格方案总平面图

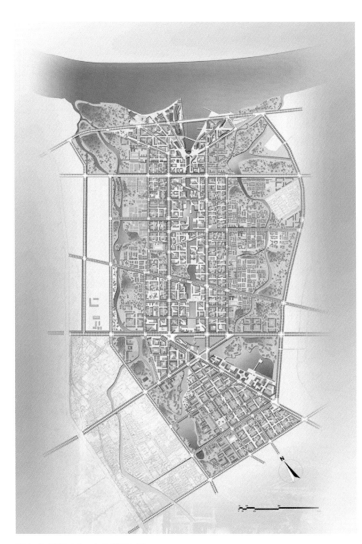

图 2-6 德国 SBA 方案总平面图

图 2-7 意大利格雷戈蒂方案总平面图

最终在汲取四家方案的优点后，由上海市城市规划设计研究院在2002年完成《新江湾城结构规划》，规划目标分两步走：一方面将新江湾城开发建设成为上海中心城的花园城区；另一方面，开发建设为生态型、知识型的城市住区，充分吸收国际先进理念，推陈出新，成为21世纪上海城市居住区发展的新典范（图2-8）。该规划中的指导性理念涵盖：1. 以网络状的生态水系形成区域生态骨架；2. 绿色空间与水系紧密结合，并与人居空间相互渗透；

3. 大学校区与居住社区相互促进形成共生关系；
4. 以丰富的空间和景观设计创造充满生机与趣味的居住环境；5. 出行方式以公共交通与步行为主导；
6. 在水处理和垃圾收集等方面以环保系统减少人居对环境的负面影响。此版规划成为新江湾城后续开发的主要依据，起到了"一张蓝图"的统筹作用，在此基础上，新江湾城陆续启动了城市设计、景观、公服、市政各个专项规划的编制工作。

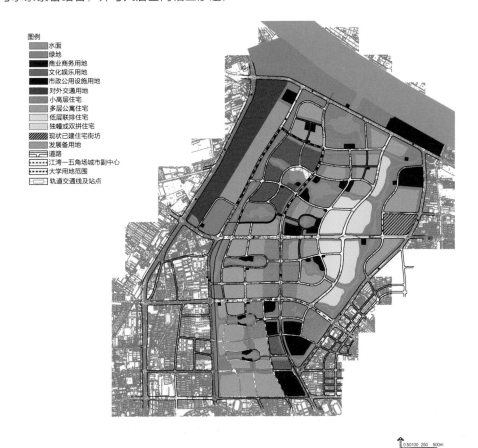

图例
■ 水面
■ 绿地
■ 商业商务用地
■ 文化娱乐用地
■ 市政公用设施用地
■ 对外交通用地
■ 小高层住宅
■ 多层公寓住宅
■ 低层联排住宅
■ 独幢或双拼住宅
■ 现状已建住宅街坊
■ 发展备用地
□ 道路
┅ 江湾—五角场城市副中心
┅ 大学用地范围
□ 轨道交通线及站点

0 50100 250   500m

图2-8 新江湾城结构规划用地结构图

2.1.3 创新规划编制方式

新江湾城由上海城投负责统一规划，在发展核心阶段初期，组织了国际竞赛，并统一编制结构规划、城市设计和控制性详细规划，还置入了策划和专业规划环节，作为开发的指导框架和实施蓝图。

在前文所述的国际方案征集之后，相继完成了整体城市设计和控制性详细规划，全面完成了规划的调整和升级。其中，由泛亚易道（EDAW）设计公司编制完成的《新江湾城城市设计》，以创造一个生态可持续发展的规划社区为设计目标，奠定了新江湾城基本的生态格局，也形成了新江湾城开发的一大特色（图2-9、图2-10）。《新江湾城居住区控制性详细规划》在结构规划的基础上，定位于建设打造生态型居住区，针对土地使用要素、空间形态和设施要素等进行规划建议和引导。

2007年，《江湾-五角场市级副中心控制性详细规划》编制完成，定位于以知识经济为特色的综合城市功能，以商业、商务、文化、现代服务业等为主要功

图2-9 新江湾城城市设计透视图

能，同时兼具教育、培训、研发等为建设"大学的城市"奠定基础（图2-11）。同年，完成《新江湾城控制性详细规划》，规划功能总体以居住为主，南部市级副中心区域以商业办公、教育科研为主。在规划结构上，采用"双心，四区，多轴，多点"的布局结构。此后，新江湾城整体规划基本完成，没有再进行大规模的规划编制和更新。

此外，还前瞻性地委托王志纲工作室负责策划工作，将市领导对新江湾城的定位进行落地，提出了"绿色生态港，国际智慧城"的发展定位，以及关键性的"产业导入"策略和"整体开发，熟地供应"的城市运营策略，有效撬动了整个项目的开发运营；在常规性专项规划之外，还创新性地引入信息、生态等方面的专业规划，先后委托编制《低碳、智慧和国际化新江湾城区建设导则》和《新江湾城绿色建设导则》，有效提升了城区的智能化、生态化水平。

上海城投通过学习和引入国际经验，实现了规划内容的创新。1997年起，以当时新江湾城的"大居"定位为指导，上海城投对新加坡的大型居住区开发模式进行考察学习，在首个住宅小区"时代花园"实践其创新理念和规划手法。2001年起，新江湾城的规划定位升级，明确提出"国际化、智能化、生态化"三大目标。上海城投紧紧抓住时代契机，先后引入策划和专业规划团队发挥所长，在国际方案征集阶段广泛吸纳国际经验，并通过不断研究和调整使其本土化，在生态型花园城区、知识型城区、国际化社区三大方面，均运用和贯彻了国内外的先进经验，具体体现在构建生态居住区建设的指标框

1. 中心商业区
   Central Commercial Village
2. 社区中央公园
   Town Community Park
3. 游艇码头区
   Boating & Ferry
4. 邻里服务中心
   Neiberhood Serve Center
5. 生态别墅
   Eco Villas
6. 联体别墅区
   Townhouse
7. 高层住宅
   Highrise Residental
8. 酒店式服务公寓
   Hotel Apartment
9. 多层公寓区
   Normal Apartment
10. 底商住宅区
    Apartment With Retail
11. 医院
    Hospital
12. 中学
    Middle School
13. 小学
    Little School
14. 幼儿园
    Kindergarten
15. 社区广场
    Town Community Plaza
16. 南入口标志建筑群
    Southern Gateway Landmark Residential
17. 超级市场
    Super Market
18. 公交换乘
    Transportation Sation For Change
19. 沿河步道
    Riverside Path Link
20. 市政设施
    Municipal Administration Installations
21. 文化中心
    Culture Center
22. 体育中心
    Gymnasium
23. 加油站
    Gas Station
24. 休闲娱乐
    Leisure & Amusement
25. 露天剧场
    Openair Theater

图 2-10 新江湾城城市设计总平面图

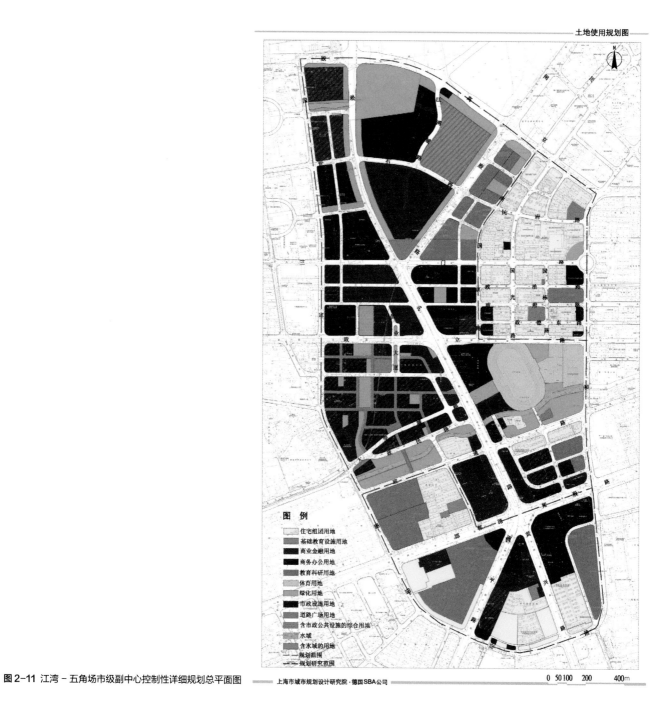

土地使用规划图

图 例

住宅组团用地
基础教育设施用地
商业金融用地
商务办公用地
教育科研用地
体育用地
绿化用地
市政设施用地
道路广场用地
含市政公共设施的综合用地
水域
含水域的用地
规划范围
规划研究范围

0 50 100   200   400m

图2-11 江湾－五角场市级副中心控制性详细规划总平面图　　上海市城市规划设计研究院·德国SBA公司

架、运用国外高端低密度住宅区规划设计手法、滚动开发和规划"留白"的开发时序安排等内容上。

2.1.4　创设规划预审制度

上海城投在土地出让阶段，创新性地引入了"规划预审"的模式，保障了规划的高品质实施，也在法定规划的刚性指标之外，弥补了城区二级开发中城市设计的管控和引导作用，保证了新江湾城形象、空间、景观等方面的统一。

作为土地一级开发商，上海城投与规划行政主管部门建立对接，规定新江湾城范围内出让的土地，其建筑规划项目在向规划行政主管部门报批之前，必须提交上海城投根据批复的各类规划进行预审，用以规范二级开发商的规划设计方案。为保证实施力度和透明度，城投还制定了《受让地块规划及开发导则》，除出让条件以外附加规划设计导则，主要包括空间景观导则、生态建设导则以及设施配套导则等重要方面。上海城投对规划设计方案的审核主要目的是保证规划方案落实、城区统一性和整体价值的呈现，重点对城市界面、设施配套、公共空间、景观环境等弹性要素进行控制。

2005年1月，新江湾城第一块出让地C1号地块对外招标，代表了"规划预审"创新模式实践的开端。运用招标文件附加的《受让地块规划及开发导则》进行规划管控的方式，在当时尚无先例，更是远早于上海在2011年首次提出运用"附加图则"进行重点地区城市设计传导的理念。新江湾城的规划

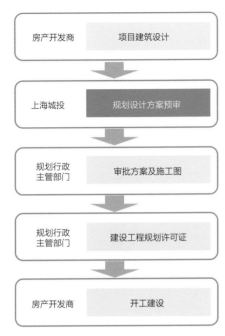

图2-12　"规划预审"工作流程图

预审制度，保障了规划与城市设计的实施，在只有刚性的控规管控背景下，创新性地提出了城市空间品质的软性管控，保证了新江湾城统一、高品质的城区形象的打造（图2-12）。

2.1.5　建立联席会议机制

为了更好地进行规划实施管理，早在新江湾城建设启动时期，上海城投与部队、复旦大学、新江湾街道共同建立"四方联席会议"机制。在发展核心阶段，涉及规划协调、土地管理、土地出让等问题，四方均会在联席会议上讨论沟通，对规划推进和各区之间的规划衔接起到了重要的协调作用。

值得注意的是，尽管整个新江湾城由上海城投统一进行规划编制，由于其中包含复旦江湾校区用地和部队用地，事实上存在三个开发主体。上海城投在自身开发范围内严格按照规划指导，完成布局结构、生态系统和基础设施框架搭建，并以引入高品质公共设施资源、对二级开发商实行"规划预审"模式以及自建与参股方式参与核心地块建设等方式，对规划进行高品质落实；在复旦江湾校区范围内对总体开发强度、道路及河道衔接的要求等方面做了总体的控制，并由复旦大学按照控规主导校园内部的开发建设；部队用地范围内，主要以控规作为依据，上海城投在"四方联席会议"机制之下进行规划协调，由部队组织不同主体进行开发，在杨浦区协助下进行规划调整和基础设施、配套的完善。

"四方联席会议"在新江湾城的开发过程中，发挥了重要的作用，特别是在片区整体开发和属地化管理的协同方面提出了很好的样本，实现了不同开发主体之间的有效沟通和衔接。

2.1.6　形成规划实施闭环

在政府的大力支持和不断开发建设的经验积累下，新江湾城的规划形成了"编制-审批-实施-评估-调整"的全过程循环。前期以高品质为前提进行规划审批与实施，后期结合控规实施评估进行规划调整，成为上海市较早开展控规评估的区域。

1996年，上海市建委成立"江湾城开发领导小组"，由市政府各领导班子担任小组成员，下设"上海新江湾城开发有限公司"，实行"两块牌子，一套班子"。这种政府牵头、市场运作的开发体制，一方面体现了政府对新江湾开发的关注和支持，另一方面借助市场力量运作，为其规划和开发建设的速度及品质打下了优质的机制基础。2003年新江湾城工程建设指挥部成立，引进和招募了包括规划技术人员在内的各类专业人员，在其内部成立"总师室"，配合政府相关部门推进工作流程、制定工作计划、管理开发节点、把控建设质量，一方面，担当起将国外规划设计方案"本土化"的重任，提供专业技术层面的强力支撑，另一方面，也在新江湾城规划实施管理上起到了关键的作用，是城区开发建设顺利推进的重要因素之一。

从2002年的《新江湾城结构规划》到《新江湾城居住区控制性详细规划》，再到2007年的《新江湾城（N091102、N091104单元）控制性详细规划》（图2-13）和《新江湾城（N091101、N091103单元）控制性详细规划》（图2-14、图2-15），新江湾城规划从编制到审批的周期，通常在一年之内，其早年最快为2~3个月。

2008~2022年期间，新江湾城共经历了16次控规调整，调整原因包括保障性住房建设需要、市政基础设施建设、增加"国际化"社区相关功能不等，调整持续、频繁，调整时序按区滚动进行，即当某一片区规划与出让条件相对明确，且出让进度稳定后，上海城投的总师室（前置地规划设计部）根据每个阶段最新的政策背景和现实条件，启动下一个地区的控规实施深化研究和调整，并实行定期控规调整报批。

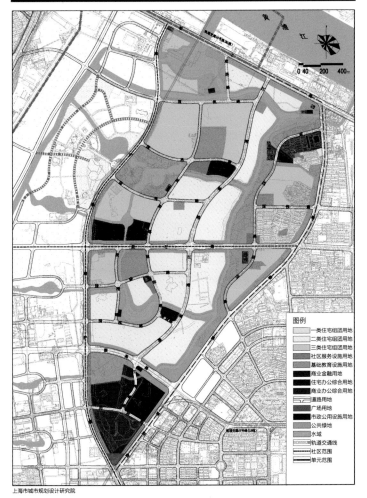

图 2-13 2007 年新江湾城 N091102、N091104 土地利用规划图

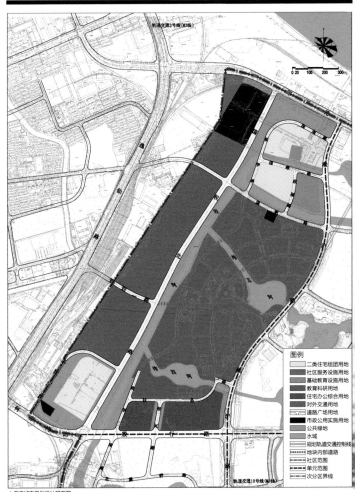

图 2-14 2007 年新江湾城 N091101 土地利用规划图

上海城投于2011年12月和2015年10月分别委托上海市城市规划设计研究院和中国城市建设研究院有限公司进行控制性详细规划实施评估工作，推进动态评估与实施反馈结合，完善"编制-审批-实施-评估-调整"的全过程循环轨道。作为上海较早进行控规实施评估的区域，新江湾城的控规实施评估弥补了原本控规编制和调整缺乏前置评估程序的遗憾，对新江湾城后续的规划调整起到了重要的作用。

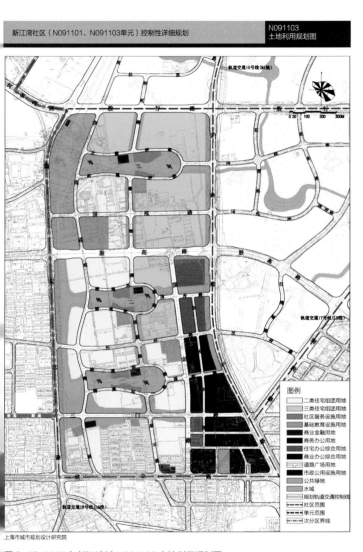

新江湾社区（N091101、N091103单元）控制性详细规划

N091103
土地利用规划图

图例

- 二类住宅组团用地
- 三类住宅组团用地
- 社区服务设施用地
- 基础教育设施用地
- 商业金融用地
- 商务办公用地
- 住宅办公综合用地
- 商业办公综合用地
- 道路广场用地
- 市政公用设施用地
- 公共绿地
- 水域
- 规划轨道交通控制线
- 社区范围
- 单元范围
- 次分区界线

上海市城市规划设计研究院

图2-15 2007年新江湾城 N091103 土地利用规划图

新江湾城规划居住人口9.2万。现状用地与规划基本一致，范围内整体形成了以居住功能为主、南部副中心区域以商业办公为主的布局。

新江湾城的规划土地利用实施程度较高，居住功能、商业功能、商务办公、公共服务、教育设施、医疗设施、生态功能等主要用地类型的实施率都在80%以上（图2-16、图2-17）。随着远期土地利用调整，上海城投仍将持续对新江湾城内医疗资源、酒店配套、产业集群进行补足和提升，包括贯彻规划生态框架打通绿廊断点、增加综合型医院设施、增加商业服务设施、引进高端酒店配套等。同时，新江湾城内土地行政区划隶属于杨浦区、宝山区，还有部分部队用地，针对行政区划导致的规划建设难以推进的问题，上海城投通过设置协调机制，积极沟通解决，实现了"一张蓝图干到底"。

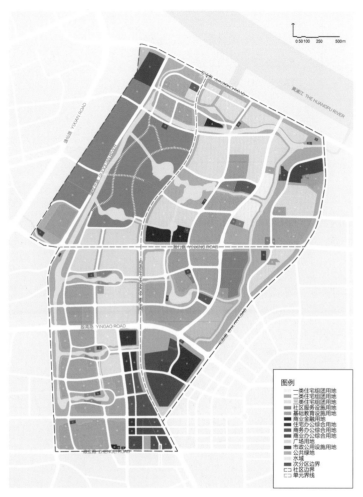

图 2-16 新江湾城土地利用规划图

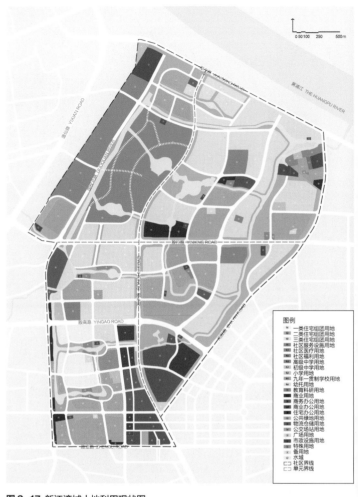

图 2-17 新江湾城土地利用现状图

2.2 定位实现与功能培育

在新江湾城的开发建设过程中，其整体定位和功能并非一成不变，而是顺应上海城市发展的态势，顺应市场的导向，在不同阶段呈现出定位的不断转型与

升级，这给上海城投的一级开发行为带来了一定的挑战。在这个过程中，上海城投始终坚持抓住标杆项目来实现定位，注重核心功能的持续培育来保障新城开发的品质，并在人口导入和社区营造方面持续探索，走出了一条"产城融合"发展的道路。

2.2.1　以标杆项目推动定位实现

在开发实施过程中，上海城投克服了行政区划和政策制度产生的限制，通过制定适应性政策和措施，紧抓标杆项目（活动），瞄准创新示范项目，以此来推动整体定位的实现，这是上海城投在不同阶段都始终坚持的做法。

1986～2000年的发展前期阶段，新江湾城的整体定位是建设一个面向21世纪的示范性居住区，是上海市拟建设的东、南、西、北四个示范居住区中的北部居住区。这一期间的开发主要从提高土地利用强度、完善市政服务设施、提升住宅品质这三个层面出发，完成了土地从军事用地到城市建设用地的转型；确立了规划主体、操作班子、开发模式等开发体系基础；建成了首个市政设施——殷行路以及首个居住产品——时代花园（图2-18）。形成了新江湾城朝着"大居建设"持续良好发展的轨道。

2001～2016年的发展核心阶段，时任上海市副市长韩正同志为新江湾城提出了新的定位，目标是打造"国际化、智能化、生态化"社区（图2-19）。这一阶段，一方面"知识型"产业发展已具备基础，形成"大学校区"和"居住社区"相互促进共生的模式（图2-20）；另一方面，"生态式居住"的规划思想在新江湾城的建设中得到落实，低容积率、高绿化率的开发模式，使新江湾城成为上海市第一个将生态文化原生、动态地保存下来的大型国际生态

图2-18 时代花园

图 2-19 新江湾城公园

图2-20 复旦大学江湾校区

居住区（图2-21）。同时，重点形成湾谷科技园和尚浦领世商务办公区两大产业引擎区，有力支持杨浦向知识经济的转型，并推动新江湾城逐步形成产城融合的繁荣社区（图2-22）。

2017年至今的发展升级阶段，依据城市总体规划的定位打造创新、人文、生态之城。随着上海"全球城市"、杨浦区"双创示范基地"等建设目标的确立，新江湾城的建设开发也更加注重科技、人文等

软实力的厚植培育。通过主办或支持承办包括沪港自行车赛、杨浦8公里健身跑、半马、SMP极限运动、街道运动会等文体活动，吸引社区居民共同参与，提升社区凝聚力和交流度；通过文体活动的举办和积累，形成个性化的社区文化品牌，提升社区的独特性和归属感。目前，已形成了杨浦新江湾城半程马拉松、SMP极限运动等品牌赛事，引发了全市爱好者的参与，为新江湾城积聚人气。同时，共建共享睦邻家园，建立五邻联盟。即乐游（看江湾、

图 2-21 新江湾城生态源

图 2-22 湾谷科技园一期

游江湾）、乐善（互助互爱）、乐活（每个社区一个优秀的服务团队，如全职妈妈互动）、乐美（最美家庭）、乐智（一居一品形成品牌，如公租房四海一家亲），形成和谐亲睦安全的社区人文环境。

2.2.2 保障核心功能业态的培育

在规划的产业业态上，新江湾城一直以居住为主、为首进行开发培育，居住土地价值在上海市域已达到较高的水平；商办于近年来逐渐受到重视，也成为重点培育的功能。

1. 居住功能

新江湾城定位为上海示范性的"第三代国际社区"，高品质的居住环境和住宅社区建设是土地开发的重点。现有住宅用地总供应量约为266hm²，区域内拥有商品住宅、花园别墅等中高端住宅社区（图2-23、图2-24），亦有公共租赁住房等保障类住宅提供，涵盖各类型居住住宅，并存多种居住模式，以积聚人气。

在居住开发上，引进国际知名房地产商进行住宅功能建设，以二级开发实现城区的精细化和多元化开发建设。在一级开发的高品质引导下，根据规划指标控制要求，编制了《绿色建筑导则》和《智慧城区导则》，要求二级开发商在此基础上推进更高水准的项目建设。同时，汲取国际先进的项目开发理念，提升城区整体开发水平。通过土地出让引入了多家国际知名房地产开发商作为战略伙伴，共同打造中部国际化品质生活区，满足国际化城区的要素配置，并以物业类型的多元化满足不同居住需求，包括低层独栋住宅、底层联排式住宅、多层住宅和小高层住宅等，建设的所有建筑均达到绿色建筑标准。

总体而言，在居住功能培育上，新江湾城的实现情况良好，实现了高品质、示范性等目标定位，体现在高品质的建设、宜居环境的打造、以人为本

图2-23 新江湾城首府

图2-24 仁恒怡庭

的理念以及完善的设施配套等方面，提升了居民的居住体验，同时也在销量、口碑和价格等方面取得了较好的市场反响。

2. 商业功能

规划新江湾城的纯商业地块仅占开发面积的1.62%，主要采用了商业商办结合的方式。目前已建成的悠方购物中心、嘉誉天荟和新江湾生活广场都已投入营运，尚浦领世和益田假日广场仍在建设中。从杨浦区的商圈分布上可以发现，新江湾城的集中商业主要依托五角场城市副中心（图2-25）。从项目类型来看，新江湾城目前已在营业中的商业多以单个商业综合体的形式出现，规模较小（图2-26、图2-27）。

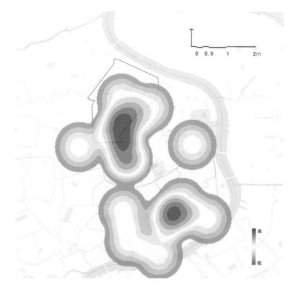

图2-25 杨浦区商圈核密度

图2-26 悠方购物中心

图2-27 新江湾城生活广场

从商业商务发展模式来看，新江湾城前期以社区商业服务中心为主，近来随着两大科技办公园区的开发，商务势头兴起，商业开始从"社区服务"向"与办公相结合的商办模式"转型，充分运用科技产业园区的高端化、先进化、人才化，联动商业高品质发展。对于目前新江湾城产业发展的重点及趋势来说，不失为一大商业功能提升的突破口；但住区较高等级的集中、综合性商业功能配套也不能忽视。

3. 办公功能

在办公功能的开发上，新江湾城牢牢把握上海建设具有全球影响力的科创中心、杨浦区建设"双创示范基地"的要求，以土地功能综合开发为原则，实行"以业兴城"，支持产业功能升级（图2-28）。一是

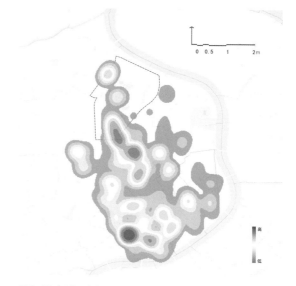

图2-28 杨浦区商办区核密度

注重产业功能空间的打造，强调扶持引进符合全球城市发展需要的高新技术研发、科创、金融等高价值区段产业，以及可以形成全球资本投资的总部经济等产业。二是在空间上形成区域开放融合功能，最大程度达到知识和经济溢出效应，从一开始即形成没有围墙的办公园区方案。

湾谷科技园由上海城投主导并引入社会资本参与开发，充分利用了大学校区产学研一体化的知识溢出效应，确立了总部经济定位和高新科技、双创产业布局（图2-29、图2-30）。通过构建国家技术转移东部中心和上海高校技术市场形成"一公司一平台"建设，实现国内、国外资源两手抓，逐步形成技术的高地和集散地。不仅是对片区，对整个上海乃至国家层面的现代产业发展和技术要素流动都将起到引领、示范的作用，带动区域的产业和科技活力。

尚浦领世商务办公区位于上海新江湾城的门户位置，由美国铁狮门房地产公司和上海城投联合投资开发，拥有地标性摩天办公楼、办公园区和高端住宅，以及为企业量身定制的高品质国际化的餐饮配套、体育设施、文化设施等，是一个服务设施完备的可持续

图2-29 湾谷科技园一期

图 2-30 湾谷科技园二期

图2-31 尚浦领世 F1DE

社区。项目延续了铁狮门公司对高品质的一贯追求，通过领先市场的商务空间打造以及优质企业的引入，已云集了不少大型跨国企业、TMT巨头和新晋科创企业，并且还在不断地持续建设和发展培育中，对标成为上海首屈一指的商务办公标杆（图2-31）。

4. 公建配套

在规划指导下完成新江湾城区基础设施建设的基础上，持续推进城区的多元化、精细化开发，上海城投以市场运作方式有效运用全社会力量高效协同推进城区发展，提升公共资源的品质和效能。上海城投累计建成交付公建配套设施约20万m²。在公建建设方面，上海城投首先构建了三级邻里体系，根据均衡配置、有序组团、就近服务、适当集中、集聚效能的原则，对公共资源的服务半径进行市区级、社区级和街区级三个尺度的划分（图2-32）。市区级公共配套设施主要结合五角场城市副中心商圈，包括商业、金融、办公、文化、体育、高科技研发及居住为一体的综合型城市公共活动中心；社区级公共配套设施主要为教育设施、文体中心、集中商业、邻里中心、医疗卫生、敬老院、中央公园等，服务范围主要为城区生活人群；街区级公共配套设施主要为便利店、居委会、街区绿地等，服务范围主要为小区及周边生活人群。通过三级邻里体系的建设，在全市较早建设2公里出行圈（后演变为15分钟生活圈），全方位、高标准地满足社区人群对生活基本需求、精神文化需求等不同层次的期望（图2-33）。

在教育配套上，新江湾城整合优质资源，成功引进并建成交付了"上海市示范性幼儿园"中福会幼儿园、"艺术教育特色九年一贯制学校"上海音乐学院实验学校、"上海市实验性示范性高中"同济大学第一附属中学等一批一流教育设施，形成全周期和完整体系的教育设施链，设施配置均达到全市顶尖水平（图2-34~图2-38）。为加快国际社区的要素配置，满足国际人才长期居住发展在新江湾城的需求，引入了德法国际学校（图2-39）。

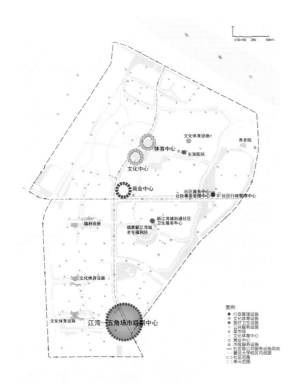

图2-32 新江湾城社会服务设施现状图

图2-33 邻里中心

图2-34 同济大学第一附属中学

图2-35 本溪路幼儿园

图2-36 中福会幼儿园

图 2-37 复旦大学第二附属学校

图 2-38 上海音乐学院实验学校

图 2-39 德法国际学校

在医疗配套上，建设了敬老院、长海医院体检中心等一批高标准的健康医疗服务设施，基本可满足居民日常就医需求（图2-40、图2-41）。

在城区休闲设施上，以生态、休闲、游憩为主，打造新江湾城的生态旅游名片，建设生态展示馆，致力于"生态科普"的旅游设施开发。

同时，新江湾城建设了上海第一个以人才公寓标准建造的上海东部人才公寓，建设了全市第一批交付的公共租赁房——"尚景园"，迄今为止共交付人才公寓及公租房超过20万m^2，满足办公园区以及复旦大学等人才引进需求（图2-42）。

在设施配套方面，上海城投整合优质资源，邀请国际知名设计师进行设计，建设了一批高品质公共文化服务设施，引领新生活方式，包括由美国一流设计公司RTKL设计并获得世界照明节能贡献奖的新江湾城文化中心、上海首个非晶硅太阳能并网发电并入选上海节能建筑地图的新江湾城体育中心、上海唯一一个获得吉尼斯世界纪录认证的SMP滑板公园等（图2-43~图2-45）。

图 2-40 新江湾城社区卫生服务中心

图 2-41 新江湾城老年福利院

图2-42 新江湾城尚景园

图 2-43 新江湾城文化中心

图2-44 新江湾城体育中心

图 2-45 SMP 滑板公园

2.2.3 注重人口导入与社区营造

新江湾城确立了南部现代商业商务功能区，西北部科教产业集聚区和中间国际化品质生活区的三大空间功能布局，目前已导入人口7.39万人，距离2007年控规规划人口的9.2万目标，已完成了80%。

将居住空间、公共空间和生态环境三者和谐统一，通过舒适、宜人的高品质居住环境，吸引人口进驻。第一，在空间上围绕生态公园布局高端品质住宅，最大程度发挥生态效用，以"生态型花园城区"的特色吸引居住人群；第二，建立对二级开发商的高品质控制要求和引导，把控区域整体高水平开发，以"国际化城区"的要素配置吸引居住人群；第三，依照"三级邻里关系"均衡配置公共资源，

以高水平的全周期教育设施链为例，对人口的导入具有较大的吸引力。

随着复旦大学、湾谷科技园和尚浦领世等商务项目的先后建设，给新江湾城带来了大量的科技人才。为了更好地服务科技人才，为他们提供相适应的居住条件也成为新江湾城建设的一大亮点。上海城投先后投资建设了上海东部人才公寓、全市第一批交付的公共租赁房——"尚景园"以及上海城投自有的公租房品牌——"城投宽庭"（已经建成了湾谷、江湾及光华三个社区）。这些保障性质的住房供应，增加了新江湾城的居住多样性，对年轻人有着巨大吸引力，平均入住率保持在95%以上，留住了高校和办公园区的人才，形成知识型社区氛围，增加了板块活力（图2-46～图2-48）。

图2-46 新江湾人才公寓

图2-47 城投宽庭·湾谷社区

图2-48 城投宽庭·江湾社区

2.3 路网建设与交通设施

新江湾城以军工路、闸殷路、殷高路为主干路，以淞沪路、殷行路为次干路，以支路为补充，形成等级分明的完整道路网络（图2-49）。现状区域内主干路均已建成，部分次干路和支路尚未连通，主要是开发过程中军工路南侧的部分支路进行了路线调整，但不影响区域的整体交通。主干路军工路和殷高路主要承载东西向交通，主干路闸殷路和次干路淞沪路主要承载南北向交通。目前主干路通行能力充足，主要的拥堵路段为淞沪路在高峰时段的南北向交通。

轨道交通目前由南北向地铁线路10号线、18号线构成，其中10号线贯穿整个新江湾城，是主要的轨道出行线路。10号线运力充足，据数据显示，新江湾城区段高峰时期满载率仅为35%左右。规划东西向的轨道17号线还未建成，建成后将大大加强新江湾城与东西两个方向的区域交通联系（图2-50）。

规划新江湾城内的交通设施分布均衡，能够满足整体区域运行的需求，为居民提供便捷的交通和多

图2-49 新江湾城现状路网

图2-50 新江湾城现状轨道交通

样化的出行方式。规划公交保养场、道路立交均已完成，公共停车场（库）建设进程过半，现状已建成五处社会公共停车场（库），增加约1000处公共停车泊位。规划的两处组合型交通换乘枢纽中，新江湾城枢纽已基本建成，形成地铁、公交、出租的便捷换乘（图2-51）。新江湾城的交通设施密度为中等偏上，交通设施分布均匀，均衡服务于各个单元，基于新江湾城的低容积率来说，现状交通配套设施建设情况优良。

慢行交通方面，着重于"可达性、舒适性、换乘便利性"的原则，依托轨道交通站点形成连接各公共活动区域的慢行系统。新江湾城规划景观路径实施程度较高，城市公园车道、城市林荫路、森林车道已基本形成。淞沪路、闸殷路和三门路形成的五岔路口通过过街天桥整合，打造无缝衔接的慢行空间；地铁出入口布置均衡，地铁站与居住区之间步行交通便捷（图2-52~图2-54）。

新江湾城的非机动车道系统完整，标识清晰。部分街道针对行人和非机动车设置二次过街设施，为慢行人群提供安全舒适的慢行环境；淞沪路、江湾城路等道路推行多杆合一，一杆多能，大大提升了新江湾城的社区形象（图2-55、图2-56）。

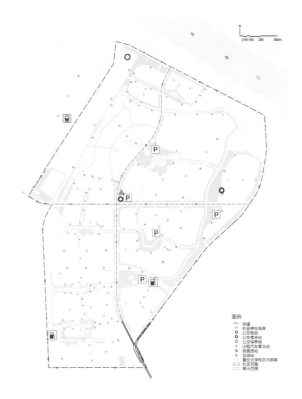

图2-51 交通设施现状分布图

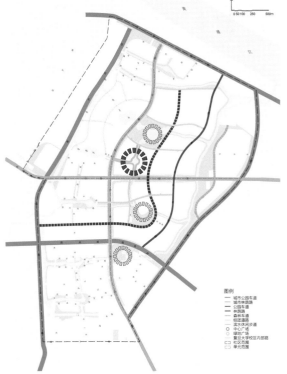

图2-52 新江湾城景观路径现状

图2-53 新江湾城道路绿化

图2-54 新江湾城绿道

图2-55 非机动车道

图2-56 淞沪路殷行路交叉口

2.4　公共服务与市政公用设施

上海城投在新江湾城的建设整体遵循"先地下后地上，先配套后居住，先环境后建筑"的理念。

新江湾城的公共服务设施按照市区级、社区级和街区级进行布局，三级设施互为补充支撑，形成了完善的公共服务设施体系。其中，江湾—五角场市级副中心和十几个社区级的行政、文化、教育、医疗、养老、购物等设施则构成了基础的公共服务设施体系，街区级的设施满足了便捷的日常生活网络，呼应了新江湾城打造宜居宜业宜创的目标。

新江湾城开发之初由上海城投统一对各项公共服务设施和市政公用设施进行统筹规划，保证建设的协调性和一致性。在生态基础设施上，重视水系和绿色空间的打造，提出网络状水系的区域生态骨架，规划水体面积40万m²，高标准配置绿化，总体绿化面积达50%；参照国外生态居住区建设标准，运用水循环、循环材料、生态种植等生态技术打造新江湾城公园、安徒生主题公园等多个景观节点，营造出良好的居住生活环境并提高社区的生活品质，有利于后续的开发（图2-57～图2-59）；随后吸引不同类型的二级投资开发商加入新江湾城的开发过程中，在原有的基础上进行开发设计，丰富新江湾城空间形象；后期的管理运营主要分为城市公共服务设施的管理和公共项目的运营两方面，教育医疗类设施由城投控股建成之后直接移交教育部门和医疗部门管理；社区服务中心由上海城投投资建设之后直接移交政府部门进行运营管理；文化中心由上海城投投资建设，由上海城投运营一段时间后移交政府；体育中心最初由SMP滑板公园及美格菲管理运营，后滑板公园已移交政府，由极限运动协会进行运营，美格菲已经清退，即将移交政府重新进行定位供公共使用；新江湾城生活广场为城投持有资产，建设定位为满足城区的生活配套，建成之后整体出租，对经营行为做出监管。总体而言，新江湾城的市政公共服务设施大部分由上海城投建设后移交各个对应部门管理，细化责任权属，提高管理效率。

图 2-57 新江湾城生态水系和绿色空间现状

图 2-58 复旦大学及周边水系

图 2-59 新江湾城绿道座椅

2.5 城市空间与设计落地

在新江湾城的整体开发中，上海城投通过一、二级开发的联动，在宏观的城区空间结构和微观的城市设计各项要素实施两个维度上，均实现了有效管理，确保了规划空间意图的完整落地。

2.5.1 塑造城区空间结构

新江湾城在杨浦区中"一核、两带、三心、四轴"的整体空间层次规划的背景下，形成了现状以"网络化、组团式、多中心、集约型"为特征的"双心、四区、多轴、多点"城市空间格局（图2-60）。其中的"双心"实现了规划形成五角场市级副中心和新江湾地区中心（现为悠方购物中心）的意图；从用地功能现状来看，功能布局与规划预期基本一致，范围内整体形成了以居住功能为主、南部副中心区域以商业办公为主的布局，以编制单元为界线划分的3个居住片区以及以复旦大学新校区展开的教育科研片区，基本形成了"四区"的格局（图2-61）。

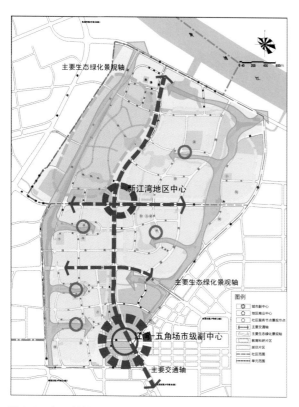

图2-60 新江湾城控制性详细规划结构图

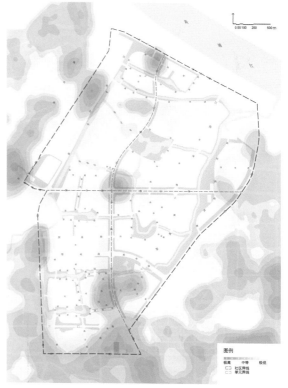

图2-61 新江湾城现状热力分布图

整体来看，新江湾城主要节点和基本的道路市政基础设施骨架已建成，交通主轴、东侧生态绿地景观轴已形成，公园、绿化湖泊已凸显出该地区优良的生态环境品质，多轴格局也已成熟；各个社区级的公建形成了多点的格局。

目前4个规划单元内部均存在在建或未建地块，其中未建土地主要集中在新江湾城东部区域沿经三河区域（图2-62）。

图例
在建地块
待建地块

图2-62 新江湾城现状建设情况示意图

2.5.2 落实城市设计要素

从城市重要空间来看：新江湾城内重要的节点空间整体建设水平较高，尤其是五角场市级副中心区域核心项目尚浦领世高端国际化商务办公区，已经初具了城市地标的形态。湾谷科技园区建筑及公共空间建设品质高，园区内产学研联动，对周边具有辐射带动作用，吸引了大量研发、设计等企业入驻（图2-63）。

从公共空间布局来看，新江湾城落实了规划中形成多层次开放空间的意图，形成各类广场、公园绿地、商业设施、休憩设施、便民服务设施等。整体来看，多层级公共空间分布合理，满足15分钟生活圈覆盖，可见其在开发建设初期就考虑到了公共空间的重要性（图2-64）。

从城市风貌来看，新江湾城的建筑形态组合整

图2-63 湾谷科技园一期

图 2-64 新江湾城航拍照片

体感较强，公共视线通廊的疏导较好，新江湾城公园形成了整个新城的地理中心，各个居住片区由生态绿楔和水系划分，形成了较为明确的空间边界。

在"宜居宜业宜创"的中心城区优质生活区的目标下，各个规划单元总体建设落实情况良好，人居环境优良、城区运营安全、生态环境可持续，初步形成了"国际化、智能化、生态化"、有新江湾品牌特色的第三代国际社区风貌。

新江湾城城市设计要素较高的落实度归因于几点建设经验：一是重视城市设计对城市功能布局、城市形象、空间品质的引导作用；二是离不开政府部门对一级开发主体的支持；三是统筹协调能力及高效的执行；四是根据发展需要能够对规划进行灵活且合理的调整。

2.6 生态绿化与环境打造

"生态"是新江湾城整体开发前的基地特色，同时也是规划的核心要素，但"生态"曾经也是困扰上海城投的一个难题。在新江湾城的开发过程中，通过摸清生态本底资源，设定生态保护和开发的目标，准确地确定了开发模式，延续了新江湾城的生态基地，并使其成为整体开发的特色亮点。

2.6.1 以本底调查奠定基础

新江湾城的开发，在早期也曾陷入保留原生态环境还是大面积开发建设的争论。2003年，由社会各界学者联合发布的《保护江湾自然生态区倡议书》，引起了社会各界对新江湾城生态保护的重视。上海城投借此时机实施了"新江湾城地区动植物本底调查"，彻底摸清了新江湾城的生态家底，为后续以生态为特色的开发模式打下了扎实的基础。"新江湾城地区动植物本底调查"形成《江湾机场现有树木调查》《江湾机场维管植物名录》《大绿岛植物构成调查》《新江湾城地区植物调查初报》《江湾机场生态建设建议》等一批报告。基于本底调查的全面情况掌握，经过详细的论证并由专家提出意见，确定开发过程中的生态保护原则，即通过统筹土地中多种资源的综合价值，对新江湾城进行适度的人工干预和生态重建，更有利于系统地保护和利用它的自然生态和人文生态，使之成为上海市中心区一个名副其实的"生态居住区"的典范（图2-65）。

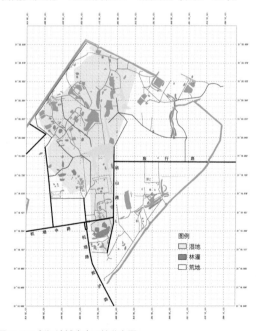

图2-65 新江湾城生态环境分布图

可以说，20年前展开的这次"新江湾城地区动植物本底调查"，为上海城投日后坚持以生态为特色的开发行为扫清了障碍，同时也提供了详实的专业支撑和资料储备。

2.6.2　以规划落实生态理念

新江湾城生态理念的落实主要依靠规划编制的指导和工程管理的保证这两部分的有效衔接。

从2002年新江湾城结构规划及重点地区城市设计的国际竞标开始，新江湾城的开发建设就充分吸收了国内外先进的生态型社区的成功开发经验，通过对特有生态原貌进行充分保护和适度重建、科学发展，从生态环境、水系循环、道路交通、景观构架、生活配套和市政设施六大系统，完整勾勒了新江湾城的开发蓝图，赋予了新江湾城丰富的内涵。颠覆"以道路为骨架，人工绿化和小区为环境"的传统现代城市住宅区做法，《新江湾城居住区控制性详细规划》采用"水为骨，地放荒"的理念，在9.45km²的规划区域内形成以水网划分居住区域，自然驳岸及岸边植物群落维持现状的规划结构。以水系为骨架，居住区域就河道自然划分，形成每个建筑四面环水的格局；同时，规划区域的东西两侧都有放荒的土地，维持原始环境的生物多样性，也是新江湾城区别于其他生态小区的独特之处（图2-66）。城区水域和绿地将近3km²，打造"一个水绕四门的野生动植物乐园"。

根据规划以及本底调查后的详细意见和指标，

图2-66 政悦路水系开挖

新江湾城工程建设指挥部工程管理部严格把控相关建设项目质量，承担了新江湾城市政道路、园林绿化、河道水系和城区管理等方面的工作，使新江湾城路网体系逐步形成，河道水系基本贯通，并完成公共景观绿化和生态源改造（图2-67）。

新江湾城集中公共绿地面积≥147.5hm²，集中公共绿地率≥16.7%，人均集中公共绿地面积≥19.9m²，大幅高于全市平均水平。区域生态骨架已初步形成，以河道网络和林荫道为骨架，以城市公园为核心，形成东西两条生态走廊和中部公园链

带，具有独特的生态优势，建成包括"生态源"、新江湾城公园、新江湾城SMP滑板公园、新江湾城生态保护园、新江湾城生态廊道、淞沪路沿线道路绿化、殷行路沿线道路绿化等绿化空间，体现出社区"生态型"目标，形成了以生态走廊绿带、水系廊道及居住区绿地等为主的绿色生态网络体系（图2-68~图2-70）。其中尤为突出的是原江湾机场弹药库——新江湾城生态源，作为上海市中心人为干扰最少、生物多样性最丰富的区域，在严密的保护和精心的养护下，集中了一批珍稀树种和罕见的鸟类（图2-71、图2-72）。

图2-67 现状新江湾城绿地

图2-68 政澄路道路绿化

图2-69 殷行路人行道绿化

图 2-70 新江湾城生态展示馆雪景

图 2-71 生态林带

图 2-72 湿地风光

资金平衡模式

3

资金平衡模式

3.1 投资模式

上海城投作为一级开发商负责整个新江湾城前期全部的投资和建设，将其从"生地"转换到"熟地"，然而整体的建设和投资也给自身带来了一定的资金压力。因此，上海城投分别采取了精准的成本控制和创新的投资与金融工具，用以控制和平衡开发成本。

3.1.1 精准的成本控制

新江湾城以成本控制目标为蓝本，实施过程中注重成本测算分析，项目销项阶段落实财务审计工作，有效实行了投资成本控制。2006年6月，上海城投委托编制了《上海城投新江湾城土地投资测算调整报告》，将其作为成本控制目标，对其中由城投承担建设的市政配套工程、绿化工程、河道工程、公建服务配套以及其他的工程费、建设费等费用进行成本测算，总投资额接近75亿元（不含F区）。2011年根据新一轮的投资测算及上海城投批复的投资控制目标，调整总投资约为73亿元。以此为控制目标进行投资建设，并且集约化配置开发资源，发挥土地开发投入的规模效应，降低土地开发成本。截至项目竣工决算审计日（2017年12月31日），完成投资的额度有效控制在目标范围内。

3.1.2 创新的投资与金融工具

在新江湾城的建设过程中，面临巨大的开发投入压力，也创新性地使用了很多举措来支持开发的推进。

在市政工程建设方面尝试"土地置换市政工程"举措，利用丰富的土地存量，在开发资金相对紧张的情况下，以土地作价形式支付给承包商，作为市政工程项目的酬金，缓解前期开发资金压力。

在绿化建设方面形成"以租养地"模式，对近期暂不开发的市政备用地、仓储用地等，利用时间差对外租赁，进行绿化建设投资，发挥闲置土地的作用，产生一定的经济效益和社会效益。

上海城投在新江湾城开发过程中，使用创新的金融模式——BT（建设-移交），有效利用社会资本支撑开发。城区内设计、监理和部分市政配套设施（上水、电力、煤气等）由上海城投独立委托，其他道路、桥梁及部分市政配套设施工程（如雨污水等）的建设及融资由中标施工单位承担，在工程竣工并保修三年后，由上海城投一次性回购。新江湾城也是沪上第一个在土地开发方面采用这种方式的项目。通过实施BT建设方式，调整了建设项目中甲乙双方之间的传统固有关系，更有效地推进项目进度、保证项目质量、控制投资成本。

进入升级运营阶段后，上海城投在保租房领域创新性地运用包括REITs（不动产投资信托基金）、CMBS（商业抵押担保证券）在内的多元化融资方式。为积极响应上海市构建租购并举住房体系政策，上海城投创立"城投宽庭"品牌，先行试点发行以城投宽庭·江湾社区和光华社区为首发资产的保租房不动产投资信托基金（REITs）项目；以城投宽庭·湾谷社区为标的资产，发行上海市首单长租公寓商业抵押担保证券（CMBS）项目。上海城投紧密围绕公司经营的战略目标，开拓创新型融资方式，并以此进一步盘活存量资产，打造保障性租赁住房开发运营的可持续金融模式（图3-1）。

图 3-1 上海城投控股与国泰君安资管举行上海城投保租房公募 REITs 合作协议签约仪式

3.2 收支平衡模式

上海城投作为政府型企业，主要行使政府的城市建设职能，在土地一级市场满足长期滚动开发，基本实现收支平衡。

3.2.1 城投职能

上海城投在新江湾城成片开发的前提是其政府型企业的身份与职能。开发之前，上海尚无由企业承担成片开发的先例，均由政府负责拆迁安置、一级开发、熟地出让。上海城投勇于开拓，受上海市委市政府委托，作为新江湾城土地一级开发商直接从事综合开发。作为一家政府型企业，既有开发公司的市场职能，又有代政府行使公共建设的职能，可以说上海城投对社会效益的考量优先于对经济收益的获取。因此，上海市在新江湾城的土地开发中设定了一系列的政策来保障一级开发的收支平衡。

其中，在发展核心阶段的第一期（2001~2005年），开发收入来源于土地出让金，按照市政府与上海城投的分账原则，加上大市政配套费和财政补助收入，该阶段收入已经基本覆盖了前期的投入。此后，按照国办发《国务院办公厅关于规范国有土地使用权出让收入管理的通知》，土地出让金全额归入地方财政，一级开发商只收取土地补偿费（大市政配套费）。截至2017年12月31日，土地一级开发建设略有盈余，考虑到未进行结算的工程尾款、城区管理及维护等后续投资费用，总体开发能够基本实现收支平衡。

3.2.2 参与重要项目的二级开发

城投置地作为上海城投旗下子公司，在新江湾城的重要项目中，均以参股或控股的形式介入二级开发，并以"城投质量"控制这些项目的开发品质，贯彻新江湾城高品质城区建设的理念（图3-2）。在新江湾城的最核心地区，城投置地以股权合作的方式参与地块开发，共同开发了嘉誉湾项目、悠方购物中心和嘉誉云景广场。此外，以100%控股的方式

图3-2 城投参股地块分布图

自主进行二级开发，建设成新江湾城首府的居住项目。在两大产业园区项目——湾谷科技园和尚浦领世项目中，采取不同的投资模式：湾谷科技园采用"先释放，后回购"的方式，与杨浦科技创业中心携手联合成立湾谷科技园管理有限公司，负责整个园区的运营管理，实现了社会资金的灵活高效运用。

后期为进一步扩大主营业务经营规模，提升项目品质，又陆续收购股权（图3-3）。在尚浦领世项目中则采用"先拿地，后转让"的方式，以"定向挂牌价"收购铁狮门公司的股权，参与开发建设，解决该地块因铁狮门资金紧张导致的建设延缓问题，之后的十余年再逐步转让股权，确保市场资金的参与。

图3-3 2012年3月29日湾谷项目开工典礼

3.2.3 正确把握土地的供给时机

上海城投在新江湾城项目的成功开发及良好收益，还得益于正确把握土地的供给时机。1997年，新江湾城的土地移交以后，上海城投主要着手进行

基础设施和环境景观建设，蛰伏了6～7年之后，在2005年上海房地产市场的繁荣阶段推地上市，使其产生最大的收益价值。随着土地的不断增值，前期打造的高品质基础设施配套也成为吸引优质开发商参与开发的重要因素。

3.3 整体经济效益

新江湾城开发的过程正是上海城市功能快速转型升级的体现，在这个过程中，通过有效地开发建设，实现的不仅仅是投入的收支平衡，更重要的是对城市经济和社会效益的巨大贡献。从这一点上看，新江湾城显然很好地完成了上海市交给的任务，并持续发挥效益。

3.3.1 地方财政收入

2005～2020年间，杨浦区全区经济总量实现稳步增长，区级财政收入增长率约262%，由35.5亿元达到128.4亿元，杨浦区土地增值税也呈现稳步增长的趋势，而这一过程正好是新江湾城的发展核心阶段（2001～2016年）。截至2017年，上海市财政收取新江湾城土地出让金合计268.79亿元，其中2007年前12.60亿，2007～2017年256.19亿。2007～2017年间新江湾城土地出让金约76.86亿元上交杨浦区政府，占区级财政收入约为9.02%，对杨浦区财政做出了显著贡献。

3.3.2 土地价值提升

截至2017年，新江湾城土地增值年约为336‰，土地增值率约为285%。同时，新江湾城未出让土地面积合计为36hm²（合547亩），按照2015～2022年新城商品房用地土地出让的平均价格7.8万元/m²（基底面积）计算，新城所持有的土地市场价值约为281亿元。

3.3.3 房产价格高涨

从2005～2020年的土地交易数据看，2010年之前新江湾城土地供应一成交量占据杨浦区土地交易活动的大部分比重，尤其在前两年，土地供应占比处于急速攀升的状态，开发势头迅猛，处于土地开发的高峰期；2010年后，新江湾城土地成交量逐年减少，土地开发节奏放缓，甚至在2013、2014两年零供应、零成交；直到2015年新江湾城重新开始土地的供应与招标挂牌，土地交易市场开始逐步回暖，进入开发平稳期。同期土地成交价格在周边地块中绝大多数时间均处于相对较高的位置，土地价

值在周边地区优势凸显（图3-4）。

　　依据各房产平台数据，新江湾城商品住房均价较高，处于杨浦区各片区的首位。截至2022年9月，新江湾城二手房价约为99060元/m²，相较新江湾城出让的国有经营性土地均价，增长率高达213%。

　　将新江湾城板块的商品住房销售价格和增幅与同期上海全市和中外环间区域比较，除2011~2014年房价增幅相对较低之外，2005年至今新江湾城房价增幅均超过上海全市和中外环间区域。与同等量级国际社区房价走势进行对比，新江湾城房价始终保持稳定增长的趋势，且增幅较大，2021年房价达到各国际社区的中间位置（图3-5）。

3.3.4　产业效益显著

　　新江湾城区整体以湾谷科技园和尚浦领世商务办公区两大科技产业园区实现产业集聚，带动五角场区域经济蓬勃发展。湾谷科技园定位为上海市和杨浦区创业创新的基地，整体上入驻的中小型企业居多（图3-6）；尚浦领世整体定位为高端商务办公区，以大型企业与总部办公为主，已引进字节跳动华东区总部、耐克大中华区总部、汉高亚太区总部等（图3-7）。在这两大聚焦区的引领下，目前新江湾城片区内共引进信息、科技、文化等高新企业约450家，精准的园区定位和引擎企业的积极引入，促进了新江湾城产业生态圈的快速形成，真正实现"产城融合"发展的理念。

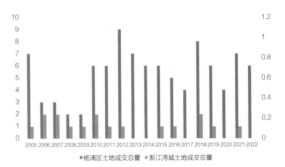

图3-4 新江湾城土地成交量与杨浦区的比较

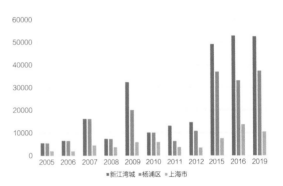

图3-5 2005~2019年间新江湾城与上海市、杨浦区居住用地土地市场走势

注：新江湾城第一块居住用地的出让是在2005年，最近的一次居住用地成交记录是在2019年（2020~2022年均无居住用地出让），因此比较年份统计区间设置为2005~2019年。同时，由于2013年、2014年和2017三年新江湾城无居住用地性质的土地交易，2018年用地功能为保障房，不具备市场性，因此该比较剔除了这四个年份。

图 3-6 湾谷科技园一期

图 3-7 尚浦领世 F3 地块

土地开发与运营模式

4

土地开发与
运营模式

4.1　土地开发模式

新江湾城的开发过程，也是上海市探索成片整体开发模式的过程。上海城投通过一系列的探索，逐渐形成了"大地产、小房产"的开发模式，通过区分一、二级开发层面上的不同作为，实现了完整的土地开发流程，保障了开发品质。

4.1.1　"大地产、小房产"

上海城投获得政府授权后运用自身的专业实力以及资金实力，作为"大地产"进行土地的统一规划和综合开发，并制订土地供应计划，适时将熟地推向市场；"小房产"则体现在熟地转让后的房屋建造与销售，此时的二级开发已经顺理成章，且被纳入全盘规划。

在新江湾城发展前期阶段，上海城投以政府型企业身份完成土地收储，就多种土地出让方式进行研究探索，为后续创新的土地开发模式打下基础；在发展核心阶段，则采用创新的熟地开发模式，先行建设配套设施后出让；在发展升级阶段，商品房土地开发放缓，进入深入内涵式发展阶段，注重产业发展升级，配合租赁房和保障房项目建设，"熟地"开发模式带来的经济效益逐步凸显。上海城投在新江湾城开发中证明了其创新的开发模式一方面可以提升开发的集约度和整体水平，提升土地的增值潜力；另一方面可以促进一级开发商的发展，孕育大地产商的生成。这一模式符合现代经济的专业化分工趋势，有利于整体利益与局部利益的协调，也促进了城市房地产开发由粗放式到集约式的转换（图4-1）。

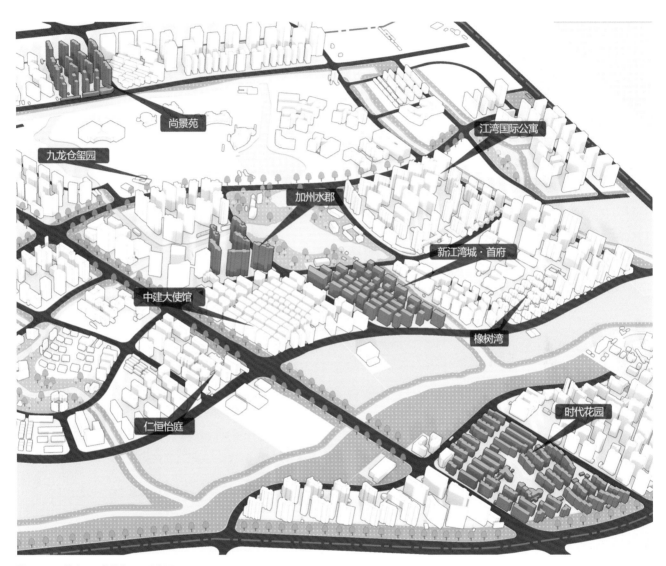

图4-1 现状主要居住住宅项目分布图

图 4-2 新江湾城生态走廊

4.1.2　开发实施主体创新

新江湾城的开发建设处于我国土地使用制度转型阶段，土地开发实施主体开始由政府转变为政府授权的一级开发企业，此种转变也在同时期上海各大国际社区的开发建设中发生。上海城投作为政府型国有企业进行高水平规划的编制，投入建设广告服务设施和市政公用设施，将生地变成熟地后，再由土地二级开发商通过招标投标取得土地使用权并按照规划要求建造地上建筑物，这在25年前的确是属于一种全新的探索。

上海城投在规划指导下基本完成城区基础设施框架，并持续推进城区的多元化、精细化开发。作为国有企业始终秉持政府责任和市场责任，既保证了政府、企业与公众三方的利益，同时以市场运作方式有效应用全社会力量，高效协同推进城区发展，提升公共资源的品质和效能。

4.1.3　形成土地开发特点

上海城投在新江湾城的土地开发过程中始终坚持体现"生态化"的特点，以"21世纪知识型、生态型花园城区"的规划定位为导向，创新新江湾城土地一级开发内容。在传统"七通一平"的基础上，尽量保留开发扬新江湾城的生态资源价值，使整体的开发具有了鲜明的特点。

"生态化"的开发过程看似是简单的一个词，但是其背后蕴含着丰富的含义。上海城投在新江湾城的开发伊始，就秉持了低开发强度、高绿化比例的理念，在公共空间的绿色营造上进行了大量的投入，形成了今天新江湾城绿色生态国际社区的格局（图4-2）。

4.1.4　土地开发时序创新

上海城投在新江湾城的开发中遵循"先地下后地上，先配套后居住，先环境后建筑"的统一开发时序和路径。"先地下后地上"指先对市政管廊等基础设施进行开发；"先配套后居住"指先进行配套设施的开发后进行居住地块的开发；"先环境后建筑"指先对城区整体绿化、景观、地形地貌等进行构建，再进行地上建筑的建设。新江湾城的开发转变了传统开发模式中由政府先进行土地规划，再按照土地性质分块进行出让开发的分离式开发思路，而是在土地出让之前，由上海城投作为土地一级开发商先行搭建城区整体基础设施和功能框架，保障整个城区体系有序运行。新江湾城统一开发模式的示范性在于，以提升居住环境为前提，由过去重开发项目数量转向重城区质量和居住环境改善，强调"以人为本"理念建设可持续发展的社区和生态型城市，这种创新模式在后续的片区整体开发中也被广泛运用。

4.1.5　一二级联动开发

上海城投通过一二级联动的开发模式，实现了对核心项目的控制主导权。在尚浦领世和湾谷两大产业项目中，上海城投都通过股权方式参与二级开发，实现了整体开发理念的贯彻。为吸引人气，为城区中的科技人才提供住房保障，上海城投率先投资建设以"尚景苑"和"城投宽庭"为代表的保障性租赁住房项目，完成了开发向运营的延伸（图4-3）。

上海城投以一二级联动开发的方式对城区公共资源配置作出补充，实现城区的精细化、多元化建设，提升城区整体品质和运营效能。一二级联动完善了城区功能，保证了企业的可持续发展。

图4-3 城投宽庭·光华社区

4.2 管理运营模式

上海城投在新江湾城的整体开发中建立了高度集约的核心管理组织，对土地开发的相关环节进行统一管理、统一规范，并搭建了虚拟综合管理平台，充分借助社会力量进行开发管理，有效地节约了投资成本、控制了城区开发进度，形成了一整套有效的整体开发管理模式。

4.2.1 管理运营模式创新

上海城投在新江湾城成片开发的管理运营中主要采取合作型物业管理模式与委托型物业管理模式。合作型物业管理模式应用于湾谷科技园，通过成立合作园区物业管理机构进行运营管理，倡导"定制式"理念，以企业总部、高校及上海北部的成长型高科技企业为主要客户，并为上述企业提供"一站式"服务；委托型物业管理则体现于其余自持类物业，城区管理工作由上海城投移交新江湾城街道对城区综合治理、安全生产、卫生防疫、安全保卫等部分职能实施管理和提供社区服务，同时仍致力于土地、安防、生态等城区管理事务，与街道共管共议。在充分进行成本控制的基础上，上海城投以高度集约化的方式进行管理运营，为城区居民提供了高质量高效率的服务（图4-4）。

图 4-4 城投宽庭·光华社区接待大厅

4.2.2 管理组织结构创新

上海城投在新江湾城开发上管理组织结构的创新，具体表现为两方面：一是明确公司定位、划分职责板块——进行新江湾城新一轮开发之前，先从人事和体制上进行改革；二是建立虚拟组织架构，充分利用社会力量进行开发管理——先后搭建六个虚拟组织平台（工程管理平台、市场推广平台、城区管理平台、法律法务平台、档案管理平台、综合管理平台），与多个专业化平台公司进行合作，为新江湾城公司带来新的理念和新的管理方法（图4-5）。

上海城投公司在新江湾城的管理运营上创新性地采取了集约式管理方法，依托新江湾城公司的项目管理执行层定位，引进虚拟组织架构，加快开发速度的同时减少人力投入，这一模式为新江湾城开发在节约成本、提高质量、控制进度等方面作出了有益贡献，在上海城投对于长兴岛等项目的开发中也得到了有效的运用。

图4-5 上海城投置地办公楼

4.2.3　园区管理运营创新

　　湾谷科技园作为上海城投在新江湾城参与管理运营的主要产业园区，其管理运营模式上的创新可归纳总结为四点：一是多元主体联动，共同推进园区运营，体现在"三区（社区、校区、园区）"联动以及学城、产城、创城的"三城融合"；二是坚持"定制式"理念，提供个性化服务：在签约时征求业主意见，最大限度满足办公个性化需求；三是提供高品质配套设施与完整服务体系：湾谷科技园配备了完善的高品质配套功能，并为企业争取税收优惠政策，提供一站式服务；四是引入智能化管理工具，优化园区运营效率——在园区运营管理的多方面引进智能化管理系统和设施提升园区运营效率，建设生态化园区（图4-6）。

图4-6 湾谷科技园二期

4.2.4 城区管理模式创新

新江湾城城区及社区管理运营模式上的创新体现在两方面：一是全盘参与城区管理，维护高品质生活区域，上海城投在城区开发到建成的全过程中积极承担社会责任，参与开发建设阶段的封闭管理、未出让土地的用地管理、城区的生态管理以及城区安全管理，为建立高品质生态化国际城区作出了重要的贡献；二是坚持精细化建设，持续完善便民服务设施，改善居民生活质量，在城区基本建成的基础上，持续推动城区功能要素的精细化提升（图4-7）。

为适应新时代的需求，优化包括公园绿地开放管理、公服设施运营等服务，提升城区公共空间和公建设施的使用效率，新江湾城持续学习国际优秀的城市运营模式，具体落实为两个方面：一是努力推进社区为导向的城市建设，强调以社区为单元进行的城区管理，激发居民自治与社区活力，为以居民为主体的开放空间管理模式奠定基础；二是持续建设城区智慧系统，使城区各类系统适应新时代下的信息化需求，保障城市安全高效运转。

图4-7 新江湾城街道与上海城投指挥部综合治理共建协议签约仪式

招商与品宣模式

5

招商与品宣模式

5.1 招商模式

上海城投通过塑造区域独特形象，实施招商预选机制，保证招商企业与片区整体发展需求相匹配，同时精准定位产业发展导向配合城区定位和功能的转型升级，形成了一整套有效的招商模式。

5.1.1 塑造区域独特形象

在早期开发阶段，上海城投一方面通过对新江湾城多维全面的内在资源本底调查，另一方面及时把握新江湾城规划定位升级的外在契机，从内在资源优势和外在定位优势两方面的独特性对其区域形象进行塑造，极大地提升了其在后续招商工作中的吸引力。

内在资源优势方面，上海城投对新江湾城丰富的文化、生态、人文和经济资源进行了全面的梳理和分析，形成一套内容翔实的《项目手册》及《新江湾城招商说明书》。同时，将调查研究成果在国内外多个平台进行奖项申报，获得多个奖项认可。使潜在投资方充分了解新江湾城资源本底优势，为后续招商活动的展开夯实基础（图5-1）。

图5-1 2004年12月5日住交会获奖

外在定位优势方面，上海城投紧抓新江湾城规划定位升级契机，在高规划定位和高策划目标的基础上，进一步为新江湾城量身定制了"国际化、智能化、生态化"三大建设目标，并成功使其纳入杨浦区"十二五"规划重点内容。通过政策层面的高度重视进一步增强各大头部开发商及企业的入驻信心。

5.1.2 精准产业定位导向

在居住功能大体完成之后，新江湾城在发展核心阶段后期就关注科创功能的培育，牢牢把握上海建设具有全球影响力的科创中心、杨浦区建设"双创示范基地"的要求，打造上海科技北高地——中央创新区（CID），以土地功能综合开发为原则，实行"以业兴城"，支持产业功能升级（图5-2）。

同时，充分利用大学产学研一体化的知识溢出

图5-2 国家技术转移东部中心揭牌仪式

效应，确立总部经济定位和高新科技、双创产业布局，运用多方资源优势共同支持产业功能升级，由此争取一系列政府的政策支持。

通过扶持政策引进符合全球城市发展所需的高新技术研发、科创、金融等高价值区段产业和总部经济在新江湾城入驻，获得市区财政部门支持下的财政转移支付、入驻企业和产业园区财税扶持、人才引进补贴、招商引资基金扶持、科创研发奖励等一系列"金融扶持政策包"，以多样化的手段进一步增强其区域招商吸引力，撬动发展活力。

5.1.3 "头羊"策略助力招商

在新江湾城的招商过程中，上海城投一方面通过对关键性项目自行开发形成示范，另一方面通过与合作伙伴建立战略联盟，利用各自资源优势互惠互利。双管齐下提升新江湾城招商吸引力，进一步推动优质企业及品牌的入驻。

在居住功能方面，上海城投自行开发时代花园，以优秀的市场表现提振市场投资信心，吸引头部开发商投资建设。逐渐形成了三类住宅形式：一是以华润、仁恒、合生、九龙仓、信达泰禾、中建等高品质开发商为主开发的低密度、高绿化率的高品质住宅区，比肩古北和联洋、碧云；二是主要由上海城投牵头开发的保障性住宅，包括"人才公寓""尚景苑"和"城投宽庭（湾谷、江湾、光华三大社区）"，主要服务附近办公人群，以满足不同的就近出行需求；三是位于板块西南区域的原军用

机场宿舍区域，现已更改用作建设"部队经济适用房"，与核心区域的高品质住宅不同，该区域住宅密度相对紧凑，以"统建房"的形式深化军人住房保障，形成的居住小区有戎德苑、戎泽苑、戎辉苑、戎锦苑等。

在产业功能方面，重点形成尚浦领世商务办公区和湾谷科技园两大产业引擎区。其中，尚浦领世项目中上海城投与美国著名开发商及运营商——铁狮门公司形成战略伙伴关系，充分运用铁狮门公司先进的招商理念并发挥其招商资源优势，为计划引入的各家企业量身定制招商策略，成功引入耐克、汉高、字节跳动等国内外知名品牌（图5-3）；湾谷科技园项目中，上海城投主动释放50%股权引入社会资本，发挥复旦大学高校资源优势，孵化并吸引了一批符合产业发展导向的各类大、中、小型企业入驻。

图5-3 尚浦领世建成意向图

5.1.4　资格预选、统一招商

在新江湾城的招商过程中，上海城投通过对目标引入开发商和企业的资质、实力、业绩及产品优势进行全面分析，在充分评估其竞争优势的基础上进行了资格预选和统一招商，使引入开发商和企业的优势能与新江湾城的定位与需求相互匹配，确保其初始开发创新理念的延续。

在政策上，上海城投遵循上海市2003年8月召开的房地产工作会议指示精神：所有涉及6类经营性用地都要纳入公开招标范围，严禁采用协议或邀标方式。对参与招标投标的开发商设定门槛，严把准入关。招标投标门槛的严进严出形成了对资质过硬、产品竞争力强的头部房地产开发商的利好。

在具体实施上，上海城投在"统一规划，统一配套，统一招商，统一管理，统一推广"的总体框架之下开展了新江湾城开发的一系列工作。在招商过程中，根据招商地块的规划控制要求，对二级房产开发商进行了前置资质预选，通过对企业资质、开发业绩、资金实力、专业能力、产品竞争力等方面的过滤，确保受让土地的开发商具有较高的开发水平和专业能力，保障了整个新江湾城的高水平开发，使其初始的创新规划理念得以延续，并相对完整地实施落地。

5.2　品牌建设模式

上海城投在新江湾城的开发伊始，就十分注重对"新江湾城"品牌的整体打造，通过实施一系列的举措，打造了"新江湾城"品质社区的形象，并不断提升品牌的影响力。

5.2.1　确定品牌发展定位

在品牌建立阶段，上海城投基于政府规划定位，深入洞察国际发展趋势，充分解读城市总体发展规划，充分顺应上海城市发展需求和未来导向，将新江湾城的品牌定位从一般居住区升级为国际社区。凭借具有高度、广度、力度、远度的品牌定位，为品牌后续发展提供强劲动力。

高度方面，赋予新江湾城更高的功能定位，提出"绿色生态港，国际智慧城"的建设目标，以及"国际化、智能化、生态化"高端定位；广度方面，为充分发挥资源优势，提出生态、国际、智慧、产业等品牌关键词，以包容居住、商办、产业园等多样化产品，为品牌发展预留足够的空间；力度方面，新江湾城品牌定位服务于上海国际大都市的建设愿景，特别是与杨浦区结合紧密的科创定位，具有重要的战略意义，因此得到了一系列金融扶持政策包，为品牌发展提供强劲的后续动力；远度方面，准确把握世界产业发展趋势和上海城市发展战略，充分解读政府的规划意图，围绕上海建设卓越全球城市的目标，在"国际化、智能化、生态化"领域不断优化定位，实现新江湾城品牌的可持续发展。

5.2.2 建立品牌管控体系

上海城投建立了规范、高效、统一的品牌管控体系，通过成立或委托专项品牌管理团队、制定统一的品牌管理机制、形成完善的品牌评估及风险控制机制等方式，为新江湾城品牌塑造提供了完善的制度保障。

在部门架构方面，上海城投通过将整建制的市场推广部直接委托金丰易居实行管理，发挥专业团队在市场推广、活动策划、流程接待等方面的经验和优势，为新江湾城品牌塑造服务，提高了专业性和工作效率；在品牌推广管理方面，把新江湾城作为整体品牌进行统一的包装、推广、管理，设计品牌标识应用在整体区域建设中，同时对二级房地产开发商进行统一品牌审批和授权，有效提升品牌形象完整性；在品牌评估及风险控制方面，相关团队定期收集各类媒体报道并归类入库，对品牌的社会效益进行评估，并通过发生品牌危机时快速进行媒体公关等处理方式，及时改善品牌形象。

5.2.3 制定品牌推广计划

上海城投在实施品牌推广前，通过精准分析不同客群的需求，制定了差异化的品牌推广计划，充分考虑不同目标客群的需求并制定相应的品牌推广目标与策略。作为大型国际社区项目，将推广计划聚焦于社区文化品牌建设，推动新江湾城品牌塑造良好的社会美誉度和知名度。

针对媒体，以建立良好的媒体关系为主（图5-4、图5-5）；针对政府，集中在展现品牌优秀理念及技术以增强政府信任及发展信心为主；针对市场主体、投资者，则以展现品牌实力，建立良好的双向沟通，增强市场投资意愿为主；针对社会公众，上海城投将其作为品牌建设的关注重点—— 一方面，通过与街道积极合作开展活动，建立社区文化品牌、展现城区活力；另一方面，推出租赁住宅品牌"城投宽庭"，展现上海城投"勇挑重担，助力住房保障体系建设"的企业形象（图5-6）。最终形成广泛的文化影响，塑造良好的品牌社会形象。

图5-4 2004年11月29日媒体报道

图5-5 2005年5月境外媒体来访

图 5-6 城投宽庭·光华社区城述餐厅

5.2.4　实施品牌推广活动

新江湾城基于差异化品牌推广计划，实施了包括公共公益活动、申报各类课题奖项、策划各类重大事件、与外部品牌合作营销、借助各类媒体宣传在内的一系列类型丰富、经济高效的推广活动，有效提升了品牌的社会美誉度和知名度。

第一，通过举办摄影比赛、公益健行、公益讲座等以社会公益性质为主的活动，推动社会群众参与新江湾城的建设，以更综合全面的方式，用品牌力量

为社会创造积极影响；第二，申请并成功获得各级各类课题及设计奖项、各种技术专利、吉尼斯纪录等种类丰富的奖项，进一步扩大知名度；第三，率先筹建文化中心以便组织交流活动，同时策划各项运动赛事、名人剪彩活动等一系列重大事件，充分利用重大事件、名人效应、品牌合作所带来的巨大流量（图5-7~图5-11）；第四，利用良好的媒体关系，进行刊登新闻报道、拍摄影视作品、印发公司宣传册等（图5-12、图5-13）。通过上述方式，传递新江湾城品牌信息，进一步塑造新江湾城品牌形象，提升品牌知名度和社会影响力。

图5-7 第一届环沪港国际自行车大赛1

图 5-8 第一届环沪港国际自行车大赛 2

图 5-9 2005 年 5 月 28 日复旦大学百年校庆长跑

图 5-10 SMP 极限运动大赛

图 5-11 2016 杨浦新江湾城 10 公里跑

图 5-12 "城投宽庭·江湾社区"启幕仪式

图 5-13 《新江湾城十年》封面

未来与展望

6

未来与展望

6.1 新时期新要求

6.1.1 成片开发转向区域统筹更新

从现实需求来看，2019年我国城镇化率首次超过60%，一线城市城镇化率均已超过85%。种种趋势表明，我国城镇化正逐步迈入集约化、高品质、精细化发展阶段，实施城市更新行动是适应城市发展新形势、推动城市高质量发展的必然要求。尤其是在上海等特大型城市，其建设重心已逐步由大规模扩张式的增量发展转向存量提质改造和增量结构调整并重的新发展阶段，城市更新对于全面提升城市发展质量、不断满足人民日益增长的美好生活需要、促进经济社会持续健康发展，均具有重要而深远的意义。

从政策导向来看，自2020年中央在《关于制定国民经济和社会发展第十四个五年规划和二〇三五年远景目标的建议》中首次提出"实施城市更新行动"以来，各地、各方对城市更新的关注与思考不断提高和加深。2021年"十四五"规划纲要发布，进一步将城市更新提升至国家战略，明确提出城市更新是创新城市建设运营模式，推进新型城镇化建设的前进方向，在实施过程中防止大拆大建、保护传承历史文化是进一步落实城市工作会议"坚持集约发展"要求的重要原则。近年来，各地陆续出台城市更新相关法规政策，管理办法及操作流程逐渐明确。未来还将进一步加强顶层设计，探索完善适用存量更新的土地、规划、金融、财税等政策体系。

2021年9月起出台的《上海市城市更新条例》（以下简称《更新条例》）中明确以"规划引领，统筹推进"为更新实施原则，建立城市更新协调推进机制。倡导以"政府推动，市场运作"的方式，依据区域特点和需求编制更新行动计划，统筹推进区域更新。同时，还创新性地引入"更新统筹主体"概念，负责推动达成区域更新意愿、整合市场资源、编制区域更新方案及统筹推进项目实施等，并且还可根据需要赋予其参与规划编制、实施土地前期准备、配合土地供应、统筹整体利益等职能。

由此来看，统筹更新将是未来超大特大城市发展的重要探索方向，具体指在较大空间范围内，以城市风貌传承为特色，坚持留改拆并举模式，推进实现空间多业态、多功能混合，提升区域整体品质、活力、效益的综合性更新。其将在中观尺度上起到衔接协调地块微观尺度更新设计理念和城市宏观尺度更新规划愿景的作用，是落实城市功能完善、提升片区整体品质和效益的有力抓手，可以有效避免微观尺度的更新碎片化以及宏观尺度更新难以实施操作等问题。相较于传统房地产式成片开发模式，区域统筹更新在目标导向、建设方式、投资收益及参与主体四个方面均有所不同。

6.1.2 区域统筹更新的特征与趋势

1. 多维综合的目标导向

存量时代下，城市发展目标已经从规模快速扩张进入注重品质提升的整体转型阶段。相较于传统主要解决城市增量发展需求问题的房地产开发模式，区域统筹更新以解决区域物质性老化、功能性衰退、结构性滞后等可持续发展问题为导向，全维关注空间品质提升、补足民生短板、产业转型升级、环境修复优化、文化保育传承等综合目标，是促进区域及城市整体发展的重要调节机制，也是一项复杂的系统性工程。

在过去，新江湾城等传统大型地产的开发目标与定位一般是根据城市增量发展需求所确定的，如推动创新产业落地、解决人口住房问题等，城市发展的增量需求问题通常以高周转、高杠杆的政府征地、企业拿地建设方式解决。在注重品质提升的更新转型阶段，区域发展定位需转变为以推动可持续发展为总体目标，从环境、经济、社会等多个角度，解决建筑、基础设施因使用年限增加而出现的破损、腐朽、老旧等物质性老化问题；随着人口增长和结构组成的变化，导致城市超负荷运转以及整体功能下降的功能性衰退问题；随着技术、经济的发展以及生活方式的改变，导致的原有城市结构布局与发展需求不匹配而产生的结构性滞后问题等。除此之外，更新项目往往还伴随着城市文化、历史风貌、生态环境及人文环境的保护传承问题。价值更多维，目标导向更综合。

2. 多样创新理念的建设方式

鉴于城市、区域之间各类本底要素的不同，区域统筹更新需在充分的综合评估基础上，结合近年来"集约节约""延续历史文脉""人本宜居友好""生态、双碳、韧性、智慧"等创新发展理念，寻找最适宜区域特征的建设方式。

综合党的二十大报告和国家"十四五"规划提出的最新要求，以及上海等典型城市的更新条例及相关政策、区域更新规划设计理念，包括以下几个趋势：一是盘活城市低效用地、空间集约化发展，即采用TOD等集约紧凑型发展理念，优化功能布局，推动城市高质量发展；二是保护城市风貌肌理、延续城市历史文脉，即从建筑、肌理、风貌的角度，保护并延续城市历史文脉；三是完善公服基础设施、优化城市公共空间,即注重对城市公共空间和设施的改善,提升城市服务能级,打造人本、宜居的友好型城市;四是注重韧性绿色低碳、推动数字智慧创新,引入生态、双碳、韧性、智慧等新兴理念,提升城市防灾减灾能力,打造创新智慧型城市。因此,更新实施主体需要对符合时代发展导向的更新规划设计理念与关键技术具有更清晰的认知。

3. 多元渠道的投资开发模式

随着更新政策的不断升级及实践的不断深入,未来依靠高周转、高杠杆、高负债、高毛利的散售模式将难以持续。区域更新不仅要面临产权归集、风貌保护导致的资金投入提高,还要面临物业自持要求导致的收支平衡周期延长。因此,更新实施主体需具备较强的资产管理和项目运营等综合能力:一方面需要依靠多样化的金融工具缓解资金投入压力;另一方面依靠实施主体良好的资产管理能力及较强的综合运营管理能力实现稳定持续的现金流,并通过物业价值提升实现资产退出,即由"开发模式"向"经营模式"转变。

投资端来看,相较于传统招拍挂方式,区域统筹更新需要经历拆迁安置、建筑修复、重新招商等一系列额外环节,导致前期投资成本大幅提高。因此,目前城市更新项目倾向依靠如城市更新基金、地方政府债券、企业债券、开发性银行专项贷款等多样化的创新金融工具筹集更新资金。收益端来看,传统房地产开发的盈利模式以售卖为主,是一种高杠杆、高负债、高毛利、高周转的盈利模式,但在相关政策的要求下,大多数更新项目无法分割销售,且对物业持有的比例做出要求。因此,实施主体需要依靠长期收益最终实现资金平衡或盈利,对其资产管理和项目运营能力提出更大的挑战。

4. 多方主体的组织方式

区别于传统的净地开发,区域更新通常涉及多地块、多权利主体,需要政府、企业、原权利人及相关利益人乃至广泛公众,其组织实施需转变为"政府推动,市场运作,公众参与,共建共享"的多方统筹推进方式,以更好实现资本、土地等资源的优化再配置。因此,面对综合性较强、复杂性更高的区域更新,要求实施主体具有更强的统筹协调能力和技术总体控制能力。

在更新背景下,随着"规划引领,统筹推进,政府推动,市场运作"的实施原则提出,面对多地块、多权利主体错综复杂的关系,以及相关权益人及公众进一步参与更新的实施过程,未来的更新项目需要更广泛的多方协同,更高效的统筹推进。

6.2 升级与持续更新

回顾新江湾城的开发建设历程可以发现，上海城投已探索出一套在各方面都较为成熟的"新江湾城模式"，可以作为片区整体开发的创新模式去进行推广复制。但自然和经济社会环境的变化以及技术的发展，带来新的机遇和挑战，需要上海城投着眼未来，站在新的起点谋划新江湾城的可持续发展。

1. 从空间建设转向城市运营

随着空间建设的基本完成，上海城投将面临从"城市空间提供商"向"城市运营者"的转型。新江湾城的生态、生活、生产空间的建设起点高，同时，早在2015年前后，上海城投已提出"新江湾社区"概念，着力打造"三区（社区、校区、园区）"联动机制下的社区运营和社区品牌。然而后疫情时代和低碳发展目标、云计算和人工智能等科技变革，正在深刻影响着城市的生产生活模式。在新的发展阶段，如何顺应新科技和新消费的发展潮流，与时俱进导入资源，激发片区在"双循环"新经济格局中的潜能，为片区提质增效赋能；如何面对这些挑战和机遇，进行片区运营的升级，是新江湾城需要关注和重新解译的课题。

2. 进一步激发多主体的协作动力

新江湾城具有很好的多主体协作基础。在发展核心阶段，"军、政、校、企"四方联席会议等有效地在多方主体之间搭建了沟通的桥梁，对规划衔接、土地管理及建设等方面都具有推动作用；在社区运营方面，已形成"三区（社区、校区、园区）"联动机制，在一定程度上实现了共治共管和共助社区运营。然而事实上存在三个开发和管理主体，在空间和管理上都存在一定程度的割裂。如何在下一步的城市规划设计及功能完善升级过程中通过这种组织化的形式激发多主体协作动力，也是新江湾城在运营升级过程中可以进一步提升的方向。

3. 通过功能细节的完善进一步激发片区活力

新江湾城的集中商业主要依托五角场城市副中心；在新江湾城内部，为了保证住宅的品质，基本不设立沿街商业，因此街道活力略显不足。如何通过功能细节的完善进一步激发片区活力，更多地满足孩子上学、家庭主妇买菜、老人过马路等这些日常生活细节的需求设计，考虑消费能力提高带来的休闲化趋势，同时兼顾片区文化、片区形象、片区精神等软环境的建设，具有进步完善的空间。

7

凝练城投模式

7

凝练城投模式

新时代，城市片区整体开发已凸显出要素综合复杂，亟待高效统筹、精细实施的典型特征，从优秀实践中学习经验、总结模式势在必行。上海城投在新江湾城开发建设中的实践与探索，为城市片区整体开发提供了一个完整的示范样本。

7.1 开拓进取的城投精神

实践成功的核心在于上海城投始终秉持四大精神不放松，包括坚守初心"一张蓝图干到底"的革命精神；战胜困难、砥砺奋进的攀登精神；勇立潮头、敢为人先的创业精神；追求卓越、精益求精的工匠精神（图7-1）。

从规划编制到运营管理的全过程中，上海城投将坚守初心"一张蓝图干到底"的革命精神一以贯之，坚持"统一规划，统一开发，统一推广，统一招商，统一管理"，以高站位的策划引领城区高质量的开发运营，进而带动高口碑的招商品宣，创造高价值的投资收益，确保开发理念不断深化，直至实施落地。

图7-1 上海城投

面临重重困难，上海城投着力发扬战胜困难、砥砺奋进的攀登精神。通过搭建完善高效的组织架构，引进社会专业力量，各司其职，通力协作，为片区开发的规划实施与管理运营提供强力技术支撑。同时，作为兼具政府与市场双重职能的大型国有企业，始终坚持社会效益优先，在资金困难时期以创新多元的投资收益模式顺利实现社会效益、经济效益双落实。

在不同时代背景下，上海城投始终秉持勇立潮头、敢为人先的创业精神。汲取国际先进经验，因地制宜进行片区整体开发的探索，成功塑造宜居、宜业的城区建设模板。在新时代背景下，上海城投再度率先开展前沿理念的探索实践，为推进新型城镇化建设提供先行示范样本。

与此同时，城投以追求卓越、精益求精的工匠精神，在规划实施过程中通过多次全维评估，逐步调整控规编制，引导片区向好向优开发建设，实现规划在功能业态、交通市政、空间形象、绿化生态各方面的高品质落位。同时，在招商品宣方面，持续关注不同客群需求变化，制定差异化招商策略并建立品牌管控体系，促进城区、园区、社区功能不断完善，形象不断优化，助力片区影响力持续升级。

7.2　整体开发成功样本

新江湾城的建设是上海市政府推进城市化进程的重要举措，是21世纪标志性的高品质国际化生态社区，是上海城投成功的成片开发项目之一，选取新江湾城作为成功样本，从多角度总结其成就，为未来成片整体开发作出参考。

在用地开发上，整体形成了以高端居住及商务金融为主要功能的"双心，四区，多轴，多点"的城市空间格局。引进国际知名房地产商作为战略伙伴，满足国际化城区的要素配置，涌现出了首府、上海院子、嘉誉湾等知名国际社区，以及城投宽庭等人才保障社区。重点形成了湾谷科技园和尚浦领世商务办公区两大产业引擎区，有力支持杨浦向知识经济的转型，并推动新江湾城形成产城融合的繁荣社区。

在交通系统上，构建了由城市道路、轨道、地面公交构成的交通网络，打造了可达性高、舒适性强、换乘便利的慢行交通体系，部分道路设置二次过街设施，为居民带来舒适安全的步行环境。

在设施配置上，创新性地提出"先地下后地上，先配套后居住，先环境后建筑"的开发理念，以坚实可靠的市政公用设施，层级完整的公共服务设施，为新江湾城的整体开发奠定了基础。

在空间形态上，重视城市设计对城市建设的控制引导，通过街道及开放空间的景观设计，使公共空间、生态空间、水系与人居环境的相互渗透，营造了新江湾城建筑与自然的协调融合。

在生态环境上，以本底调查奠定了生态系统保护和利用基础，有效衔接规划编制和工程管理，创新性地采用"水为骨，地放荒"的理念，以水网划分居住区域，形成了生态走廊绿带、水系廊道及居住区绿地为主的绿色生态网络体系，并始终维持较高的生态养护水平，使辖区内的原生态动植物资源呈现良好的自然风貌和生态多样性，绿地指标大幅高于中心城区平均水平，实现了"国际生态社区"的规划目标。

今天，新江湾城已经拥有7.39万居民，以国家技术转移东部中心、上海技术交易所、字节跳动为代表的1600多家企业入驻，被联合国开发计划署（UNDP）、环境规划署（UNEP）认定为"联合国环境友好型城市示范项目——国际生态社区"，并被社会誉为"国际化、智能化、生态化"第三代国际社区（图7-2）。

7.3　未来发展模式建议

基于成功样本，未来，上海城投应结合新时期发展要求，在规划实施、投资收益、开发运营、招商品宣等维度持续迭代"城投模式"，更好助力实现城市高质量发展、高品质生活、高效能治理。

7.3.1　高站位：以精准先进引领的规划实施模式

以精准先进引领的规划实施模式是新时代背景下实现片区开发建设成就的基础保障，主要体现在：

图7-2 新江湾城

1. 精准清晰的规划定位

　　随着我国城市发展进程走向精细化、内涵式发展时代，片区整体开发需进一步精准把握新的时代机遇和重要战略契机，站在高起点谋划规划定位，明确对标城市不同发展阶段的需求，在具有一定站位高度的规划定位基础上，通过对政策、市场、环境综合性的考虑合理确定清晰的发展目标。

2. 科学创新的规划编制

　　上海城投需持续强调"一张蓝图"的规划统领思想。一张具有创新性和统领性的规划蓝图的描绘需引入全球智慧，吸纳国际领先的规划理念，同时有效把握片区自身资源优势，使其"本土化"。此外，规划编制的理念也需要不断与时俱进，通过使用新科技、新思潮使规划更具前瞻性。

3. 高效系统的规划管理

　　在新时代的背景下，为了确保规划的有效实施，片区开发中应持续完善"编制-审批-实施-评估-优化"的系统规划实施路径，注重规划评估和实施性城市设计管控及引导环节，以高品质为前提进行规划管理。同时，应坚持可持续性、可实施性、前瞻性等规划管理原则，从而在实践中保证规划方案精准落地。

4. 卓有成效的协同机制

　　在城市建设趋向精细化开发的阶段下，为了协调多主体参与的片区开发过程中可能遇到的各项事务，上海城投一方面需因项目完善高效科学的协同机制，保障规划按照"一张蓝图"落地；另一方面应将同类协同机制阶段性沉淀为日常化的协同模式，

进一步激发多主体的协作动力，实现城市开发、城市管理和城市服务的协同一体化。

7.3.2 高价值：以社会价值带动的投资收益模式

以社会价值带动的投资收益模式是新时代背景下保证片区持续高质量发展的持续动力，主要体现在：

1. 灵活高效的金融工具

为了应对片区整体开发带来的资金压力，上海城投需灵活利用丰富的土地资源和社会资本推进建设初期的市政工程和绿化建设等。新时代下的片区开发中，上海城投在保租房领域探索运用REITs、CMBS等创新性融资方式，帮助实现后期存量资产的可持续发展。

2. 敏锐果敢的盈利手段

上海城投在土地一级开发基本实现收支平衡之余，需正确把握土地的供给时期，以参股或控股的身份积极介入二级开发核心项目，随着土地的不断增值，实现良好的经济收益。控股和操盘重点项目的方式是上海城投在未来片区开发与建设中，仍能实现最大程度的开发意图以及可持续投资收益的重要手段。

3. 勇于担当的社会责任

上海城投以政府型企业身份承担长三角片区多

地整体开发的职责。在各地的城市建设当中，上海城投始终践行"人民城市"的重要理念，将社会效益优先于经济效益进行考量，发挥政府主导的优势和社会各方寻求协作的积极性，从而能够极大地提升片区土地价值和城区整体功能形象，实现居民对社区的高度认同感。

4. 开放长远的发展视野

在经济效益上，上海城投立足于城市长期的发展建设，稳扎稳打的土地开发节奏为地方财政收入、土地和房产的增值作出了显著贡献，产城融合的理念和建设方式形成有效的产业集聚和辐射作用，也能对周边区域产生显著的溢出效应。新的城市发展阶段需要企业不断优化升级开发策略，考虑片区发展对城区外部环境的影响，不断提高城区竞争力。

7.3.3 创标准：以创新变革驱动的土地开发与运营模式

以创新变革驱动的土地开发与运营模式是新时代背景下成片开发模式的核心手段，主要体现在：

1. 创新卓越的开发模式。
在未来的片区整体开发中，上海城投应坚持不断创新，在自创的"大地产，小房产"新型熟地开发模式的基础之上，制定符合片区特色与发展需求的配套设施体系，在开发节奏、开发内容和土地资源治理模式上持续进行模式升级和转型。

2. 精益求精的开发建设。 新时代的背景下，上海城投的片区整体开发应更加强调精细化城区建设的需求，落实精细化建设与高质量发展。例如，以一二级联动的方式推进城区的产业发展，持续对城区的公共资源配置进行补充，以及通过引进多种优质公共资源品牌、分阶段推进功能培育和形象管控等方式不断提升城区的整体品质和运营效能，实现城区的精细化、多元化建设。

3. 集约高效的组织管理。 上海城投在片区整体开发中需建立高度集约的核心管理组织，对土地开发的相关企业进行统一管理、统一规范，并搭建了虚拟综合管理平台，充分借助社会力量进行开发管理，有效节约投资成本、控制城区开发进度。同时，坚持集约的组织管理意识，建立高效的组织协同机制，充分引入社会力量与新时代下的先进技术手段。

4. 务实负责的运营管理。 上海城投在片区开发到建成的全过程中需积极承担社会责任，参与城区的全过程管理，包括开发建设阶段的封闭管理、未出让土地的用地管理、城区的生态及安全管理等，将企业的社会责任一以贯之，勇于承担、保障高品质成片开发建设工作的高质量维护与良性发展。

7.3.4 立品牌：以专业力量打造的招商与品宣模式

以专业力量打造的招商与品宣模式是树立片区

卓越的整体品牌形象的重要举措，主要体现在：

1. 精准定位的招商环境建设。 在未来的片区整体开发中，上海城投一方面需要深入研判新时期下的城市发展需求，精准定位片区产业发展导向，争取一系列政策扶持；另一方面需要聚焦工作人群的生活、文化需求，进行环境配套建设，为片区开发塑造具有招商吸引力的政策、物质环境基础。

2. 严格把控的招商预选机制。 在未来的片区整体开发中，需要对计划引入的开发商和企业的类型、资质、实力、产品优势提前开展深入调研，实施严格的资格预选，确保其与片区定位需求相互匹配，以多样化的开发商类型带动城区丰富性。同时，发挥头部开发商的资源优势，形成"以商招商"的良性循环，推动高品质品牌形象的招商落地。

3. 高效统一的品牌管控体系。 在未来的片区整体开发中，上海城投需要注重对片区品牌的塑造，创建专业的品宣团队实施统一的品牌管控机制，把片区开发项目作为整体品牌进行统一包装、推广、管理，并通过对二级开发商进行统一品牌授权和活动审批，保障品牌形象的完整性。

4. 丰富多样的品牌宣传活动。 在未来的片区整体开发中，需要精准分析不同客群需求，制定差异化的品牌推广计划，组织实施公共活动、申报奖项、品牌合作、媒体宣传等一系列品牌宣传活动，以提升品牌形象的美誉度和知名度。

图7-3 日出江湾

7.3.5 向未来：以新兴理念引导的持续更新模式

　　随着我国进入集约化、高品质、精细化的存量发展阶段，实施城市更新行动成为推动城市高质量发展的必然选择。在未来的成片开发中，传统地产开发模式将逐步转向区域统筹更新模式。发展导向将聚焦空间品质提升、补足民生短板、产业转型升级、环境修复优化、文化保育传承等综合目标。建设方式需要进一步结合"宜居、生态、双碳、韧性、智慧"等创新发展理念。投资收益模式将由"开发"转向"经营"，需要提升资产管理和项目运营等综合能力，探索创新型金融工具及路径。项目组织将涉及政府、企业、公众、相关权利人等更多类型利益主体，需要加强统筹协调能力和技术总体控制能力，打通共建共享共治的公众参与路径。

在存量提质的新发展阶段，传统地产开发模式正向区域统筹更新模式转型，企业亟须持续迭代开发策略，以更强的统筹协调能力和技术总控能力进一步优化人居环境，促进经济社会的持续健康发展，助力提升片区整体竞争力。

回顾新江湾城这一整体开发成功样本的规划建设历程，上海城投经历了二十五年的不断实践和探索，积累了丰富的开发与建设经验，形成包括规划实施、投资收益、开发运营、招商品宣等多维度内涵的片区整体开发"城投模式"，未来，可在上海五个新城、长三角地区乃至全国示范、推广、迭代。新的时代背景下，上海城投将继续立足新发展要求，贯彻新发展理念，构建新发展格局，秉承"让城市生活更美好"的不懈追求，砥砺奋进（图7-3）。

附录

8

附录

8.1 参考文献

1. 58同城. 2022年杨浦区及新江湾城房价[EB/OL]. [2023-04-11]. https://www.58.com/fangjiawang/shi-2022-101/sq-11343/.

2. 沈昕. 城市新兴板块价值探秘之一：上海新江湾城[EB/OL]. (2018-07-27) [2023-04-11]. https://mp.weixin.qq.com/s/lNZQ9Uhd-ugN8ChTxQbkcw.

3. AAKER，D. A. Building Strong Brands[M]. The Free Press，1995.

4. 爱企查. 上海湾谷科技园管理有限公司[EB/OL]. [2023-02-13]. https://aiqicha.baidu.com/company_basic_37234212953109.

5. 上海长宁. 三十多年前的"古北新区"，竟是这样的……[EB/OL]. (2020-01-12) [2023-02-07]. https://mp.weixin.qq.com/s/xx1jz3dtc3ODSSH-l_o4KA.

6. 曹慧霆. 基于全球城市视角的上海国际社区发展研判[J]. 上海城市管理，2016，25（6）：71-75.

7. 陈可石，胡媛，杨天翼. 新加坡21世纪新镇规划模式研究——以榜鹅新镇为例[J]. 特区经济，2013（1）：82-85.

8. 戴维·阿克. 管理品牌资产[美][M]. 吴进操，常小虹，译. 北京：机械工业出版社，2012.

9. 丹尼斯·李·约恩. 伟大的品牌：卓越品牌建设的7个原则[美][M]. 鲍栋，译. 北京：机械工业出版社，2021.

10. 房天下. 2011年沪经营性土地出让金1183亿 两年来首现负增长[EB/OL] [2023-02-07]. https://sh.news.fang.com/zt/201201/2011shtudipian.html.

11. 沪上楼盘指南. 第二代国际社区——副中心板块盘点之联洋[EB/OL]. (2021-07-26)[2023-04-11]. https://zhuanlan.zhihu.com/p/393401372.

12. 华建集团. 华东建筑集团股份有限公司关于受让上海新江湾城投资发展有限公司部分股权的进展公告（公告编号：临2017-034）[EB/OL]. (2017-06-28)[2023-04-11]. http://www.arcplus.com.cn/cn/.

13. 华建集团. 华东建筑集团股份有限公司关于韵筑公司协议转让新江湾城公司4%股权暨关联交易完成的公告（公告编号：临2021-064）[EB/OL].

（2017-07-06）[2023-04-11]. http://www.arcplus.com.cn/cn/.

14. 黄尖尖. 新江湾城三门路空中连廊开通，与五角场"彩蛋"遥相呼应 银白色"钻石连廊"打造慢行空间[N/OL]. 解放日报，2021-07-19（6）. [2023-04-11]. https://www.shobserver.com/staticsg/res/html/journal/detail.html?date=2021-07-19&id=317826&page=06.

15. 聚汇数据. 上海杨浦区GDP[EB/OL]. [2023-04-11]. https://gdp.gotohui.com/data-2486.

16. 科创上海. 从一片农田到总书记曾称赞的"活力四射"，张江科学城30年带来了什么[EB/OL].（2022-07-27）[2023-02-07]. https://export.shobserver.com/baijiahao/html/511738.html.

17. 莱斯利·德·彻纳东尼. 品牌制胜：从品牌展望到品牌评估[英] [M]. 蔡晓煦等译. 北京：中信出版社，2002.

18. 李书音，王剑，周晓娟. 上海虹桥经济技术开发区的发展回溯与未来转型探讨[J]. 上海城市规划，2020（6）：92-98.

19. 李晓楠. 上海新江湾城熟地开发的探索[J]. 科学与管理，2010，30（4）：62-64.

20. 刘建士，赵勇，周浩. 新江湾城开发创新实践与思考[J]. 上海房地，2001（1）：21-25.

21. 路燕，陈静. 招商引资的营销学原理[J]. 中国外贸，2007（3）：48.

22. 毛巧丽. 现代物业经营管理中的规划风险及其治理策略——以上海浦东碧云国际社区建设为例[J]. 上海城市管理，2014，23（2）：66-69.

23. 潘苏彦. 大型公立医院品牌价值评估方法及应用研究[D]. 北京理工大学，2016.

24. 前瞻产业园区. 湾谷科技园[EB/OL]. [2023-02-07]. https://y.qianzhan.com/yuanqu/item/4fb7b76616b4d19d.html.

25. 秦虹，苏鑫. 城市更新[M]. 北京：中信出版社，2018.

26. 荣振环. 品牌建设10步通达[M]. 3版. 北京：电子工业出版社，2019.

27. 杨庆杰. 如何准备一份好的品牌计划[EB/OL].（2022-05-28）[2023-04-11]. https://mp.weixin.qq.com/s/9RN_0oMtw7POhmk32Y9Fpg.

28. 上海城投控股股份有限公司. 上海城投控股股份有限公司董事会关于子公司置地集团收购"沪风房产"等七家公司各36%股权的公告（公告编号：临2010-38）[EB/OL].（2021-10-30）[2023-04-11]. http://static.cninfo.com.cn/finalpage/2021-10-30/1211433476.PDF.

29. 上海城投控股股份有限公司. 上海城投控股股份有限公司关于开展保障性租赁住房公募REITs项目申报发行工作的公告（公告编号：2023-001）[EB/OL].（2023-01-05）[2023-04-11]. http://www.sse.com.cn/disclosure/listedinfo/announcement/c/new/2023-01-05/600649_20230105_MEP4.pdf.

30. 上海城投控股股份有限公司. 上海城投控股股份有限公司关于全资子公司置地集团收购新江湾城投资公司36%股权的公告（公告编号：临2021-023）[EB/OL].（2021-07-29）[2023-04-11]. http://static.cninfo.com.cn/finalpage/2021-07-29/1210590924.PDF.

31. 上海城投控股股份有限公司. 上海城投控股股份有限公司关于完成康州房地产36%股权转让的公告（公告编号：临2021-021）[EB/OL]. （2021-07-10）[2023-04-11]. http://static.sse.com.cn/disclosure/listedinfo/announcement/c/new/2021-07-10/600649_20210710_1_GAaEQVPr.pdf.

32. 上海城投控股股份有限公司. 上海城投控股股份有限公司关于子公司置地集团公开挂牌转让沪风房地产36%股权的公告（公告编号：2021-039）[EB/OL]. （2021-10-30）[2023-04-11]. http://www.sse.com.cn/disclosure/listedinfo/announcement/c/new/2021-10-30/600649_20211030_2_Md8v7w3m.pdf.

33. 上海城投控股股份有限公司. 上海城投控股股份有限公司关于子公司置地集团公开挂牌转让开古房地产36%股权的公告（公告编号：2021-040）[EB/OL]. （2021-10-30）[2023-04-11]. http://static.cninfo.com.cn/finalpage/2021-10-30/1211433480.PDF.

34. 上海城投控股股份有限公司. 上海城投控股股份有限公司关于子公司置地集团公开挂牌转让康州房地产36%股权的公告（公告编号：2020-035）[EB/OL]. （2021-10-29）[2023-04-11]. http://static.cninfo.com.cn/finalpage/2020-10-29/1208636444.PDF.

35. 上海城投控股股份有限公司. 上海城投控股股份有限公司关于子公司置地集团转让高泰房地产36%股权的公告（公告编号：2022-034）[EB/OL]. （2021-10-10）[2023-04-11]. http://static.sse.com.cn/disclosure/listedinfo/announcement/c/new/2022-10-10/600649_20221010_1_fVLIQBUN.pdf.

36. 上海档案信息网. 华丽转身——从"工业锈带"到国家创新型试点[EB/OL]. [2023-02-07]. https://www.archives.sh.cn/datd/shdb/202209/t20220922_65698.html.

37. 尚浦领世. 总体规划[EB/OL]. [2023-02-07]. http://thesprings.com.cn/master_plan.html.

38. 斯科特·勒曼. 建设优质品牌[M]. 梁树广译. 北京：经济管理出版社，2017.

39. 孙烨. 外籍人士的社会融入状况——基于对上海市古北国际社区的调查[D]. 华东师范大学，2011.

40. 谭峥. 街区制、邻里单位与古北模式[J]. 住区，2016（4）：72-81.

41. 湾谷科技园. 关于我们[EB/OL]. [2023-02-07]. https://www.wangukejiyuan.com/.

42. 王勇. 运营管理评价指标[EB/OL]. （2022-12-15）[2023-04-11]. http://k.sina.com.cn/article_7395349859_1b8cc15630190197cy.html.

43. 徐畅. 家政物业携手共促社区发展——以上海古北新区为例[J]. 广西质量监督导报，2021（2）：56-57.

44. 许英杰. 一房一万数据分析系列：2023年上海板块置业天梯图[EB/OL]. （2023-01-30）[2023-04-11]. https://mp.weixin.qq.com/s/lqn8kygKg5cpFxLak3A-JQ.

45. 俞卫中. "新江湾城"规划设计综述[J]. 建筑材

料装饰世界：建筑世界，2007（1）：18-21.

46. 俞卫中. 一座承载上海新梦想的城区——"新江湾城"的规划设计[J]. 上海住宅，2006（12）：42-49.

47. 张一. 揭开国际社区的面纱：上海下一个国际社区在哪里？[EB/OL].（2022-03-10）[2023-02-07]. https://mp.weixin.qq.com/s/7ohvvStlIBAxwwtkEBv-0w.

48. 章慧明. 古北新区：小小"联合国"[J]. 国际市场，2011（6）：60-61.

49. 申知沪志. 古北三十年，第一国际社区从何而来？[EB/OL].（2019-06-11）[2023-04-11]. https://mp.weixin.qq.com/s/o6Nw5axZ24DTbDJCAb2DcA.

50. 赵冠华. 协同治理推动下的闲置用地临时使用——成都市可食地景案例研究[D]. 成都：电子科技大学，2022.

51. 赵勇. 浦江第一湾：上海新江湾城的前世今生[M]. 学林出版社，2020.

52. 郑善坚. 国际社区物业管理初探——走近碧云国际社区[J]. 上海房地. 2019（10）：40-43.

53. 中国地产人. 五大产业园区运营模式分析[EB/OL].（2022-07-10）[2023-2-12]. http://www.360doc.com/document/22/0710/08/47022236_1039280999.shtml.

54. 周浩. 上海新江湾城熟地开发研究[D]. 武汉：华中科技大学，2006.

55. 盛科荣，王海. 城市规划的弹性工作方法研究[J]. 重庆建筑大学学报，2006，28（1）：4-7.

56. 衣霄翔. 城市规划的动态性与弹性实施机制[J]. 学术交流，2016（11）：138-143.

57. 刘丹，华晨. 弹性概念的演化及对城市规划创新的启示[J]. 城市发展研究，2014，21（11）：111-117.

58. 城投内部材料. 新江湾城"21世纪知识型、生态型花园城区"总体开发二十年（1997—2017）情况报告[R].

59. 城投内部材料. 新江湾城项目竣工决算审计报告[R]. 上海：文造咨，2018.

8.2　图片来源

图0-1 新江湾城区位图（来源：自绘）

图1-1 殷行镇历史地图（来源：《上海附近要图》陆地测量部，1932）

图1-2 大上海计划图（来源：上海市市中心区域建设委员会，1932）

图1-3 旧江湾机场图（来源：王岳雷《原江湾机场的前世今生》）

图1-4 江湾机场（部队旧照）（来源：王岳雷《原江湾机场的前世今生》）

图1-5 新江湾城现状（来源：自绘）

图 4-7 新江湾城街道与上海城投指挥部综合治理共建协议签约仪式（来源：黄伟国）

图 5-1 2004年12月5日住交会获奖（来源：黄伟国拍摄）

图 5-2 国家技术转移东部中心揭牌仪式（来源：《浦江一湾》）

图 5-3 尚浦领世建成意向图（来源：铁狮门）

图 5-4 2004年11月29日媒体报道（来源：黄伟国拍摄）

图 5-5 2005年5月境外媒体来访（来源：黄伟国拍摄）

图 5-6 城投宽庭·光华社区城述餐厅（来源：城投置业）

图 5-7 第一届环沪港国际自行车大赛1（来源：王志强拍摄）

图 5-8 第一届环沪港国际自行车大赛2（来源：黄伟国拍摄）

图 5-9 2005年5月28日复旦大学百年校庆长跑（来源：黄伟国拍摄）

图 5-10 SMP极限运动大赛（来源：黄伟国拍摄）

图 5-11 2016杨浦新江湾城10公里跑（来源：蒋申夏拍摄）

图 5-12 "城投宽庭·江湾社区"启幕仪式（来源：内部拍摄）

图 5-13《新江湾城十年画册》封面（来源：城投置地）

图 7-1 上海城投（来源：黄伟国拍摄）

图 7-2 新江湾城（来源：黄伟国拍摄）

图 7-3 日出江湾（来源：黄伟国拍摄）

后　记

回首过去，新江湾城的发展仿佛一部史诗，记录着时代的变革和进步。站在这片土地上，仿佛身处历史与现代交织的舞台，每一个角落都充满了故事和回忆。

感谢那些与新江湾城一同成长的人们，他们是这片土地重新焕发活力的见证者。上海城投的建设团队，把新江湾城打造成一个绿色、生态、智慧的都市空间，为全国的成片土地开发项目树立了一个典范，每一块砖、每一片绿叶，都承载着建设者的汗水和智慧。

在此，也要向那些为本书提供支持的各方表示衷心的感谢。诚挚感谢所有参与咨询的领导和专家，陈晓波、任志坚、张琛、陈骅、王强、马雁、孔祥萍、邬晓华、汤朔宁、邓刚、罗镔、李楠、赵勇、徐亚明，每一个采访、每一段资料背后，都是对新江湾城历史的珍贵记录，他们的回忆为这部作品注入了生命和情感。感谢建筑学会秘书长吕亚范对课题研究的支持，感谢参与了编排工作的徐萌、丛楷昕、叶锺楠、许悦、陈梦晗、耿嘉懿、唐浩铭、徐素、万亿、魏苒、姜凯雯、汤轶、韩梦梦、梁译匀、孙逸臻、苗堃、张蕊、李江超，他们的精益求精确保了每一处细节的完美体现。

对于即将翻开本书的读者，期望你们能够深入感受新江湾城的魅力，同时也思考，如何为我们生活的城市留下更深远的痕迹，如何继续为更美好的明天努力前行。

审图号：GS（2023）4221号

图书在版编目（CIP）数据

新江湾城：片区整体开发的城投模式/张辰等著
. —北京：中国建筑工业出版社，2023.11
ISBN 978-7-112-29105-2

Ⅰ.①新… Ⅱ.①张… Ⅲ.①城市规划—建筑设计—
研究—上海②城市建设—投资模式—研究—上海 Ⅳ.
①TU984.251②F299.275.1

中国国家版本馆CIP数据核字（2023）第167795号

责任编辑：徐明怡
书籍设计：锋尚设计
责任校对：芦欣甜
校对整理：张惠雯

新江湾城——片区整体开发的城投模式

张　辰　陈　锋　汪　军　寇志荣　著

*

中国建筑工业出版社出版、发行（北京海淀三里河路9号）

各地新华书店、建筑书店经销

北京锋尚制版有限公司制版

临西县阅读时光印刷有限公司印刷

*

开本：889毫米×1194毫米　1/20　印张：7　字数：193千字

2023年12月第一版　　2023年12月第一次印刷

定价：**88.00**元

ISBN 978-7-112-29105-2

（41836）